高效率 Linux 命令列學習手冊

提升指令操作技巧

Efficient Linux at the Command Line

Boost Your Command-Line Skills

Daniel J. Barrett 著

楊俊哲 譯

O'REILLY®

© 2023 GOTOP Information, Inc. Authorized Chinese Complex translation of the English edition of Efficient Linux at the Command Line ISBN 9781098113407 © 2022 Daniel Barrett. This translation is published and sold by permission of O'Reilly Media, Inc., which owns or controls all rights to publish and sell the same.

目錄

第二部分　下一階段的技能

第三部分 一些額外的好東西

前言

本書將讓我們的 Linux 命令列技巧更上一層樓，使得工作可以更快、更聰明、更有效率的完成。

像大多數 Linux 使用者，都是在工作中學習過往的命令列技巧，或者透過閱讀相關書籍的介紹，亦可在家中安裝 Linux 並嘗試一下。作者寫這本書是為了幫助大家跨出下一步——在 Linux 命令列中由基礎至進階的技能。裡頭充滿了技術和觀念，希望能改變讀者與 Linux 互動的方式，並提高工作效率。將其視為作者第二本關於 Linux 使用的書籍，讓讀者跨越基礎知識的藩籬。

命令列是最單純的界面，但也是最具有挑戰性的。因為簡單，所以我們只會看到一個提示符號（prompt），等待執行可能輸入的任何命令[1]：

```
$
```

在沒有友善的圖示介面、按鈕或選單來引導操作的情況下，這變得相當具有挑戰性，因為除了提示符號以外的一切都成為使用者的責任。相反地，每個輸入的命令都具有創造性的動作。以下的基本命令是正確的，例如列出目前的檔案：

```
$ ls
```

以及更複雜的命令，例如：

```
$ paste <(echo {1..10}.jpg | sed 's/ /\n/g') \
        <(echo {0..9}.jpg  | sed 's/ /\n/g') \
  | sed 's/^/mv /' \
  | bash
```

1 本書以錢字符號（dollar sign），作為本書的 Linux 提示符號。但在不同環境下，讀者環境中的提示符號可能有所不同。

如果我們盯著前面的命令思考：「那些到底是什麼？」或者「我可能永遠不需要這麼複雜的命令！」那麼這本書正是為此目的而準備的[2]。

本書將可學習到什麼內容

本書針對以下三個必要技能，變得更快、更有效：

- 選擇或建構命令來解決手邊的任務問題
- 有效率地執行這些命令
- 輕鬆瀏覽 Linux 檔案系統

到最後，我們將理解執行命令時背景所發生的事件，這樣就可以更好地預測結果（而非演變成缺乏科學論證的街談巷語）。也將看到用於啟動命令的多種不同方法，並理解何時使用，來獲得最佳效果。還將學習常用的例子和技巧，提高工作效率，例如：

- 從建立簡單到複雜的命令，逐步解決實際問題，如：管理密碼或產生一萬個測試檔案。
- 透過聰明的組織使用者的家目錄，用以節省時間，如此就不必尋找檔案。
- 轉換文字檔案並如同查詢資料庫一樣檢視它們，實現達成任務目標。
- 從命令列控制 Linux 的點選功能，例如：使用剪貼簿進行複製、貼上，以及檢索和處理 Web 數據資料，而無須將手從鍵盤上移開。

最重要的是，我們無論執行哪些命令，都可以在日常 Linux 使用中獲得更多的成功例子，並在就業市場上更具有競爭力，才是一般學習的最好實踐方式。這是作者當初在學習 Linux 時所希望擁有的書籍。

哪些內容不在本書的範疇

本書不會優化 Linux 電腦，使其更高效地運作執行，但會讓我們與 Linux 在互動上更有效率。

2 我們將在第 8 章中，說明這個神秘命令的目的。

本書也不是全方位的命令列參考書籍——有數百個命令及其功能是作者所未提及到的。此外，內容是討論相關專業知識；並精心安排一系列教學順序，挑選常用的命令來說明其中的內容，以培養讀者的技能。倘若讀者需要指南風格的書籍，請參考作者之前的著作 *Linux Pocket Guide*（O'Reilly）。（*https://oreil.ly/46N1v*）

讀者的必備知識

本書不是基礎教學，而是假設讀者已有 Linux 經驗。適用於希望提升命令列技巧的使用者，如學生、系統管理員、軟體開發人員、網站可靠性工程師、測試工程師和一般 Linux 使用者；以及進階使用者也可能會找到一些有用的資料。如果反覆地實驗學習執行命令，會更加鞏固對概念的理解。

要從本書中獲得最大效益，希望讀者應該已經熟悉以下主題（如還不熟悉，請參考附錄 A ，快速複習）：

- 使用文字編輯器，建立並編輯文字檔，例如：`vim(vi)`、`emacs`、`nano` 或 `pico`。
- 檔案處理的基本操作，例如：`cp`（複製）、`mv`（移動或重新命名）、`rm`（刪除）和 `chmod`（修改檔案權限）。
- 檔案檢視命令，例如：cat（檢閱整個檔案）和 less（一次瀏覽一頁）
- 目錄命令，例如：`cd`（修改目錄）、`ls`（列出目錄中的檔案）、`mkdir`（建立目錄）、`rmdir`（刪除目錄）和 `pwd`（顯示當下目錄名稱）。
- shell 指令稿的基礎知識：將 Linux 命令儲存在一個檔案中，變更檔案屬性成為可執行（使用 `chmod 755` 或 `chmod +x`），之後再執行檔案。
- 使用 `man` 命令來查看 Linux 的內建說明文件：manpage 手冊（範例：`man cat` 顯示有關 `cat` 命令的文件）。
- 使用 `sudo` 命令成為超級使用者，如此才能完全存取 Linux 系統（例如：`sudo nano /etc/hosts` 編輯系統檔案 */etc/hosts*，這對於一般使用者而言，檔案都是被保護的）。

如果讀者還能夠操作常見的額外命令功能，例如檔案名稱的樣式比對（使用符號 `*` 和 `?`）、輸入 / 輸出重新導向（`<` 和 `>`）以及管線（`|`），那麼會是一個不錯的起點。

Shell 操作介面

假設我們的 Linux shell 是 bash，它是大多數 Linux 發行版的預設 shell。接下來每當作者提到「shell」時，意指的是 bash。並且作者提出的大多數想法也通用於其他 shell，例如 zsh 或 dash；請參考附錄 B，獲得本書的其他 shell 的轉換範例。此外，大部分的內容在 Apple Mac 終端機介面上預設執行的 zsh，也可以正常工作，當然也可使用 bash 執行 [3]。

本書編排慣例

本書使用以下排版慣例：

斜體字（*Italic*）

　表示專業用語、URL、電子郵件地址、檔案及檔案副檔名稱。中文用楷體字表示。

定寬字（`Constant width`）

　用於程式內容，以及在段落中參考到程式的部分，例如：變數或函數名稱、資料型態、語法和關鍵字。

定寬粗體字（**`Constant width bold`**）

　表示應由使用者逐字輸入的命令或其他文字。有時也用於命令輸出，作為標示特別感興趣的文字。

定寬斜體字（*`Constant width italic`*）

　表示應替換為使用者所提供的文字，或根據前後文來確認使用的文字。也用於程式碼列表中右側的簡短註解。

定寬特別標示字（`Constant width highlighted`）

　用於複雜的程式列表，用來引起對特定文字的注意。

3　如果 macOS 上的 bash 版本過舊並且缺少某些重要功能。建議升級 bash，請參考 Daniel Weibel 的文章「如何在 macOS 上升級 Bash」（*https://oreil.ly/35jux*）。

這個圖示代表一個提示或建議。

這個圖示代表一般注意事項。

這個圖示代表一個警告性說明。

使用程式碼範例

補充內容（程式碼範例、操作練習等）可從 *https://efficientlinux.com/examples* 下載。

如果讀者在使用程式碼範例時，遇到技術或相關問題，請發送電子郵件至 *bookquestions@oreily.com*。

本書目的是希望幫助讀者完成工作。一般來說，本書提供的範例程式碼，可以在讀者的程式和文件中使用。除非複製程式碼的重要部分，否則無須聯繫我們取得許可。例如，撰寫一個程式，使用到本書中部分的幾段程式碼，則不需要許可。若是銷售或發佈 O'Reilly 圖書中的範例，則需要獲得許可。引用本書和範例程式碼，來回答問題是不需要許可。將本書中的大量範例程式碼合併到產品文件中，這需要獲得許可。

我們感謝標示參考資料來源，但這並不是必要的。來源的標示通常包括書名、作者、出版商以及 ISBN。例如：「*Efficient Linux at the Command Line* by Daniel J. Barrett (O'Reilly). Copyright 2022 Daniel Barrett, 978-1-098-11340-7」。

如果對程式碼範例的使用超出合理使用或上述許可範圍，請隨時透過 *permissions@oreily.com* 聯絡我們。

致謝

在撰寫這本書的這段期間相當愉快。感謝 O'Reilly 的優秀員工，尤其是編輯 Virginia Wilson 和 John Devins、製作編輯 Caitlin Ghegan 和 Gregory Hyman、內容經理 Kristen Brown、文案編輯 Kim Wimpsett、索引編輯 Sue Klefstad，以及一直樂於協助的團隊。作者我也非常感謝本書的技術審閱 Paul Bayer、John Bonesio、Dan Ritter 和 Carla Schroder，他們提出許多鉅細靡遺的論述與評論。還要感謝波士頓 Linux 使用者社群針對各章節標題所提出的建議。特別感謝在 Google 的 Maggie Johnson，獲得她的允許撰寫這本書。

我要向 35 年前，在約翰霍普金斯大學的同學 Chip Andrews、Matthew Diaz 和 Robert Strandh，表達我最深切的感謝。他們注意到我對 Unix 的新知和日益增加的興趣，竟向電腦科學系推薦我，聘任為系所下一任的系統管理員，真是令我驚訝。他們小小的舉動改變了我的人生軌跡。（Robert 還因為第 3 章中的盲打技巧而被稱讚。）還要感謝 Linux、GNU Emacs、Git、AsciiDoc 和其他許多開放原始碼工具的建立者及維護者。倘若沒有這些聰明的工具和慷慨的人士，我的職業將會有所不同。

一如往常，感謝我美好的家人 Lisa、Sophia，他們的愛與耐心。

第一部分

核心概念

前面第 1 ～ 4 章，目的在快速提高我們的工作效率，其中涵蓋了許多立即可應用的概念與技術。我們將學習如何將命令與管線相互結合，並且瞭解 Linux shell 所擔任的角色，回顧和編輯先前的命令，也會快速檢視一下 Linux 檔案系統。

第一章

組合命令

當我們在 Windows、macOS 和其他大多數作業系統中工作時，可能會花時間執行 Web 瀏覽器、文字處理器、資料表格計算和遊戲等應用程式。一個典型的應用程式可能包含以下功能：程式設計師會為他們的使用者，提供所需要的一切。因此，大多數應用程式都是自給自足的。與其他應用程式互不依賴。我們可能會需要在應用程式之間複製和貼上，但在大多數情況下，它們是分開的。

這與 Linux 命令列環境有些許不同。Linux 沒有提供類似大型應用程式所具有的大量功能，而是提供數千個功能很少的小命令。例如，命令 `cat` 在螢幕上列印檔案，僅此而已。`ls` 列出目錄中的檔案，`mv` 對檔案重新命名，等等。每個命令都有一個簡單、明確的定義與目的。

如果我們需要做一些更複雜的事情怎麼辦？不用擔心。Linux 使用*組合命令*，讓各自功能的命令相互合作，讓實現目標將變得容易。這種工作方式產生了一種截然不同的運算思維。將問題從「我們應該啟動哪個應用程式？」變成「我們應該組合哪些命令？」來取得成果。

在本章中，我們將學習如何使用不同的組合方式，來執行命令，完成需要的操作。為簡單起見，作者將只介紹六個 Linux 命令及其最基本的操作方法，這樣讀者可以專注在更複雜、更有趣的部分——將它們組合起來——而無須花費大量的學習時間。這有點像學習只使用六種食材做菜，或者只用鎚子和鋸子學習木工。（我們將在第 5 章中加入更多命令到 Linux 工具箱中。）

我們將使用*管線*（*pipe*）來組合命令，這是一種將前一個命令的輸出，連接到另一個命令的輸入。在介紹每個命令（`wc`、`head`、`cut`、`grep`、`sort`、`uniq`）時，將會立即示範它們與管線的使用方法。

某些範例對於 Linux 的日常操作來說是相當常見的，而其中也有一些是用來作為示範重要功能的簡單範例。

輸入、輸出和管線

大多數 Linux 命令是由鍵盤讀取輸入、輸出至螢幕，或兩者同時皆有。Linux 替這種讀寫方式取了特殊的名字：

stdin（讀作「標準輸入」（*standard input* 或 *standard in*））

Linux 從鍵盤讀取輸入的資料。當我們在提示符號下輸入任何命令時，就是在標準輸入中提供相關資料。

stdout（讀作「標準輸出」（*standard output* 或 *standard out*））

Linux 將資料輸出到顯示裝置。當我們執行 `ls` 命令列印檔案名稱時，結果顯示在標準輸出上。

接下來是很酷的部分。我們可以將一個命令的標準輸出連接到另一個命令的標準輸入，讓第一個命令的輸出結果提供給第二個命令的輸入。先從熟悉 `ls -l` 命令開始，在一個大的目錄中列出檔案列表，例如 */bin*：

```
$ ls -l /bin
total 12104
-rwxr-xr-x 1 root root 1113504 Jun  6  2019 bash
-rwxr-xr-x 1 root root  170456 Sep 21  2019 bsd-csh
-rwxr-xr-x 1 root root   34888 Jul  4  2019 bunzip2
-rwxr-xr-x 1 root root 2062296 Sep 18  2020 busybox
-rwxr-xr-x 1 root root   34888 Jul  4  2019 bzcat
⋮
-rwxr-xr-x 1 root root    5047 Apr 27  2017 znew
```

這個目錄包含的檔案比上面所顯示的行數要來得多，因此輸出的大量資料會快速捲動到螢幕之外。遺憾的是 `ls` 不能一次列印一個螢幕，並且暫停直到我們按下某個鍵繼續列印。不過也因為這樣，可推測另一個 Linux 命令該具有的功能。`less` 命令一次只顯示一個螢幕的檔案列表：

```
$ less myfile
```

如此可以將這兩個命令連接起來，讓 `ls` 寫入 stdout，而 `less` 可以從 stdin 讀取。使用管線將 `ls` 的輸出傳送至 `less` 的輸入：

```
$ ls -l /bin | less
```

這個組合命令形成每次顯示一整個螢幕的目錄內容。命令之間的垂直線（|）是 Linux 的管線符號[1]。管線將第一個命令的標準輸出連接到下一個命令的標準輸入。任何包含管線的命令列都稱為管線（*pipeline*）。

命令通常不知道它們是管線的一部分。當 `ls` 認為自己正在寫入到顯示器時，實際上輸出已被重新導向到 `less`。而當 `less` 認為自己正在從鍵盤讀取資料時，實際上它卻在讀取 `ls` 的輸出。

什麼是命令？

命令（*command*）這個用字，在 Linux 中可能有三種不同的含義，如圖 1-1 所示：

一個程式

由一個單字命名，並且是可執行的程式，例如 `ls` 或 shell 內部所擁有的類似功能、又例如：`cd`（又稱為 *shell* 內建功能；*shell builtin*）[2]。

一個簡單的命令

程式名稱（或 shell 內建功能）之後緊接著一些可選擇性的參數，例如：`ls -l /bin`。

組合命令

將好幾個簡單的命令視為一個執行單元，例如：管線 `ls -l /bin | less`。

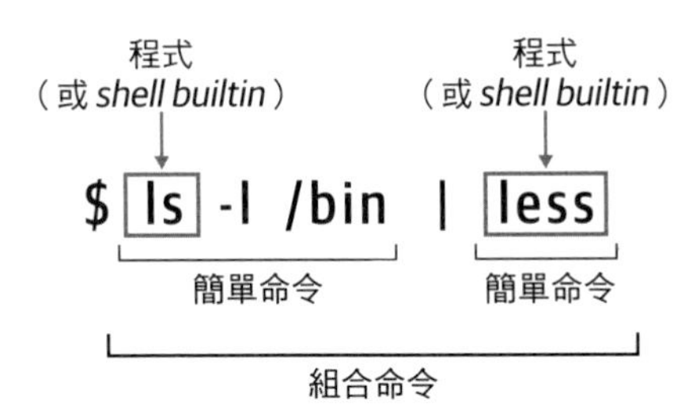

圖 1-1　程式、簡單命令、組合命令，統稱為「命令」

在本書中，作者將全面使用**命令**這個詞。通常透過相關的前後文，可以清楚瞭解其中的意思，但若非如此，作者會使用另一個更具體的詞彙。

1　在美式鍵盤上，垂直線符號與反斜線（\）符號在同一個鍵上，通常位於 Enter 和 Backspace 鍵之間或左邊 Shift 鍵和 Z 之間。

2　POSIX 標準將這種形式的命令稱為工具程式（*utility*）。

六個幫助我們入門的命令

管線是 Linux 專業知識的重要組成部分。接下來我們會深入討論如何使用一組 Linux 命令，來建構管線的技巧，這樣無論之後遇到其他命令，都可以將它們組合起來。

這六個命令分別是 wc、head、cut、grep、sort、uniq。其中有許多選項和操作方式，我們暫時先跳過這些細節，只專注於管線的使用上。要學習任何有關命令的更多資訊，請執行 man 命令來顯示完整文件。例如：

```
$ man wc
```

為了示範這六個命令，作者將使用一個名為 *animals.txt* 的檔案，其中列出一些 O'Reilly 圖書資訊，如範例 1-1 所示。

範例 1-1　在檔案 animals.txt 中的內容

```
python  Programming Python        2010    Lutz, Mark
snail   SSH, The Secure Shell     2005    Barrett, Daniel
alpaca  Intermediate Perl         2012    Schwartz, Randal
robin   MySQL High Availability 2014    Bell, Charles
horse   Linux in a Nutshell       2009    Siever, Ellen
donkey  Cisco IOS in a Nutshell 2005    Boney, James
oryx    Writing Word Macros       1999    Roman, Steven
```

每一欄包含關於 O'Reilly 書籍的四個資訊項目，由 tab 控制字元作為分隔，分別為：封面上的動物、書名、出版年份和第一作者的姓名。

命令 #1：wc

wc 命令列印檔案中的行數、單字數量和字元數量：

```
$ wc animals.txt
  7  51 325 animals.txt
```

wc 回報檔案 *animals.txt* 有 7 行、51 個單字、325 個字元。但我們實際數一下字元（包括空格和 tab）會發現只有 318 個字元，然而 wc 還包括每行結尾那不可見的換行符號。

此外，選項 -l、-w、-c 分別告知 wc 僅顯示行數、單字數量和字元數量：

```
$ wc -l animals.txt
7 animals.txt
$ wc -w animals.txt
51 animals.txt
```

```
$ wc -c animals.txt
325 animals.txt
```

一般而言，計算數量是非常有用的任務，因此 wc 的開發者設計與管線一起操作命令。如果省略檔案名稱，它會從 stdin 讀取，然後寫入 stdout。讓我們使用 ls 列出現在目錄下的內容，並將透過管線傳到 wc 來計算行數。整個管線最後的結果，將回答「現在目錄中有多少個可見檔案？」這個問題。

```
$ ls -1
animals.txt
myfile
myfile2
test.py
$ ls -1 | wc -l
4
```

選項 -1 告訴 ls，單一欄印出其結果，在這裡並非絕對必要的。要理解使用它的原因，請參考第 8 頁的「在重新導向時利用 ls 改變其行為」專欄。

wc 是我們在本章中看到的第一個命令，因此使用管線可以做的事情有些侷限。以下只是純粹為了好玩，將 wc 的輸出透過管線傳遞給自己，用以證明同一命令可以在管線中多次出現。這個組合命令 wc 輸出結果為字數 4：以及三個整數和一個檔案名稱：

```
$ wc animals.txt
  7  51 325 animals.txt
$ wc animals.txt | wc -w
4
```

為何要停止下來？將計算輸出的結果「4」，添加到第三個 wc，合併到管線中繼續計算：

```
$ wc animals.txt | wc -w | wc
      1       1       2
```

這樣的輸出結果，表示一行（數字 4 只有一行）、一個單字（數字 4 本身）和兩個字元。為什麼是兩個字元？因為「4」是以行表示，後面帶有一個不可見的換行符號作為結尾。

到這裡 wc 的管線例子應該足夠了。隨著後續的更多命令，管線也將變得更加常用。

在重新導向時利用 ls 改變其行為？

ls 幾乎與所有其他 Linux 命令不同，ls 知道 stdout 是螢幕，還是被重新導向（到管線或其他地方）。主要是因為它對使用者的友好特性。如果當 stdout 是螢幕時，ls 會在排列輸出上，盡量以多列的方式呈現以便於閱讀：

```
$ ls /bin
bash      dir       kmod      networkctl      red    tar
bsd-csh   dmesg     less      nisdomainname   rm     tempfile
⋮
```

但是，當 ls 的 stdout 被重新導向時，其輸出結果將會變成一欄的資料形式。我們設計以下的簡單範例，將 ls 命令的輸出，傳遞給 cat 來示範這一點，結果如下[3]：

```
$ ls /bin | cat
bash
bsd-csh
bunzip2
busybox
⋮
```

這種行為會導致結果看起來很奇怪：

```
$ ls
animals.txt   myfile   myfile2    test.py
$ ls | wc -l
4
```

第一個 ls 命令將所有檔案名稱列印在同一行之中，但第二個 ls 命令卻回報結果為四行。如果不瞭解 ls 的古怪行為，很可能因為這種差異而令人困惑。

ls 具有覆蓋原先預設動作的選項。使用 -1 選項，強制 ls 以單欄列印；或使用 -C 選項，強制以多欄列印。

3 根據設定，ls 也可能在列印輸出到螢幕時，使用其他格式化功能，例如顏色標示，但在重新導向時則不會。

命令 #2：head

head 命令會列印檔案的第一行。使用 head 的選項 -n 列印輸出 *animals.txt* 的前三行：

```
$ head -n3 animals.txt
python    Programming Python      2010    Lutz, Mark
snail     SSH, The Secure Shell   2005    Barrett, Daniel
alpaca    Intermediate Perl       2012    Schwartz, Randal
```

如果我們輸入需要的行數，大於檔案內容的行數，則 head 會列印整個檔案（如同 cat 一般）。如果省略 -n 選項，head 預設為 10 行（-n10）。

然而就其本身而言，倘若無須在意檔案的多餘內容時，head 可以很方便檢視前幾行的內容。這是一個快速且有效率的命令，即使用在非常大的檔案也亦是如此，因為無須讀取整個檔案。此外 head 寫入標準輸出，使其在管線中顯得更加有功用。以下是統計 *animals.txt* 前三行的單字數：

```
$ head -n3 animals.txt | wc -w
20
```

head 還可以從 stdin 讀取更多管線的內容，找出有趣的資訊。一個常見的用途是當我們不想看到所有內容的時候，用以減少前一個命令的輸出，例如一串很長的檔案列表。以下列出 */bin* 目錄中的前五個檔案名稱：

```
$ ls /bin | head -n5
bash
bsd-csh
bunzip2
busybox
bzcat
```

命令 #3：cut

cut 命令用來取得檔案中，某一欄或多欄的內容，並呈現出來。例如，只列印出在 *animals.txt* 中第二欄的所有書名：

```
$ cut -f2 animals.txt
Programming Python
SSH, The Secure Shell
Intermediate Perl
MySQL High Availability
Linux in a Nutshell
Cisco IOS in a Nutshell
Writing Word Macros
```

cut 提供兩種定義「欄位」的方法。第一種是當輸入的字串是由 tab 字元所分隔的，並根據選項（-f）來選取被切割後需要的欄位。這剛好是檔案 *animals.txt* 的格式。由於前面的 cut 命令選項為 -f2，表示列印每行的第二個欄位。

為了縮減輸出的資訊，將透過管線傳輸到 head 用來限制只列印前三行：

```
$ cut -f2 animals.txt | head -n3
Programming Python
SSH, The Secure Shell
Intermediate Perl
```

我們還可以透過用逗號，區隔欄位編號，來取得裁切後的多個欄位：

```
$ cut -f1,3 animals.txt | head -n3
python  2010
snail   2005
alpaca  2012
```

或依照數值範圍：

```
$ cut -f2-4 animals.txt | head -n3
Programming Python      2010    Lutz, Mark
SSH, The Secure Shell   2005    Barrett, Daniel
Intermediate Perl       2012    Schwartz, Randal
```

第二種方法是使用 -c 選項，表示由 cut 所依照字元位置所定義的「欄」。以下是列印檔案每一行的前三個字元，我們可以使用逗號（1,2,3）或範圍（1-3）來指定需要的部分：

```
$ cut -c1-3 animals.txt
pyt
sna
alp
rob
hor
don
ory
```

現在已經瞭解基本功能後，再進一步嘗試使用 cut 和管線來進行更有用的操作。假設 *animals.txt* 檔案有數千行，而我們只需要取得作者的姓氏。首先，需要區隔第四個欄位，作者姓名：

```
$ cut -f4 animals.txt
Lutz, Mark
Barrett, Daniel
Schwartz, Randal
⋮
```

然後透過管線，將結果再次裁切，這次使用的是選項 -d（分隔符號），將分隔符號修改為逗號而非 tab，用來區隔作者的姓氏：

```
$ cut -f4 animals.txt | cut -d, -f1
Lutz
Barrett
Schwartz
⋮
```

透過歷史記錄來節省修改命令的時間

讀者是否發現到重新輸入很多次命令？我們可以透過不斷按向上方向鍵來捲動瀏覽之前執行過的命令。（這個 shell 功能稱為**命令歷史記錄**（*command history*））當看到我們所需要的命令時，按 Enter 執行，或使用左、右方向鍵做游標定位或退格鍵（Backspace）對命令內容進行編輯及刪除。（此功能亦稱為**命令列編輯**（*command-line editing*））

作者將在第 3 章中，討論更強大有關歷史記錄和編輯功能的命令。

命令 #4：grep

grep 是一個非常強大的命令，但現在要暫時隱藏它大部分功能，專注在列印與符合指定字串的行。（更多詳細資訊將在第 5 章介紹。）例如，以下命令顯示 *animals.txt* 中包含字串 Nutshell 的行：

```
$ grep Nutshell animals.txt
horse   Linux in a Nutshell      2009    Siever, Ellen
donkey  Cisco IOS in a Nutshell  2005    Boney, James
```

我們還可以使用 -v 選項，列印出不符合指定字串的行。請注意其結果，顯示不存在包含「Nutshell」的行：

```
$ grep -v Nutshell animals.txt
python  Programming Python       2010    Lutz, Mark
snail   SSH, The Secure Shell    2005    Barrett, Daniel
alpaca  Intermediate Perl        2012    Schwartz, Randal
robin   MySQL High Availability  2014    Bell, Charles
oryx    Writing Word Macros      1999    Roman, Steven
```

通常 grep 對於蒐集出現在檔案中搜尋文字的行內容很有用處。以下命令將列印名稱以 *.txt* 結尾的檔案中，包含字串 Perl 的行：

```
$ grep Perl *.txt
animals.txt:alpaca      Intermediate Perl       2012    Schwartz, Randal
essay.txt:really love the Perl programming language, which is
essay.txt:languages such as Perl, Python, PHP, and Ruby
```

範例中 grep 找到三個比對相符的行，一個在 *animals.txt* 中，兩個在 *essay.txt* 中。grep 讀取 stdin 並寫入 stdout，這非常適合管線。假設我們想知道在龐大目錄 */usr/lib* 中有多少個子目錄。沒有一個 Linux 命令可以提供這樣的答案，因此需要建立一個管線來處理。從 ls -l 命令開始：

```
$ ls -l /usr/lib
drwxrwxr-x  12 root root    4096 Mar  1  2020 4kstogram
drwxr-xr-x   3 root root    4096 Nov 30  2020 GraphicsMagick-1.4
drwxr-xr-x   4 root root    4096 Mar 19  2020 NetworkManager
-rw-r--r--   1 root root   35568 Dec  1  2017 attica_kde.so
-rwxr-xr-x   1 root root     684 May  5  2018 cnf-update-db
⋮
```

請注意 ls -l 在每一行的開頭用以 d 標記為目錄。使用 cut 分隔出第一欄，判斷它是不是 d：

```
$ ls -l /usr/lib | cut -c1
d
d
d
-
-
⋮
```

然後使用 grep 保留下含有 d 的行：

```
$ ls -l /usr/lib | cut -c1 | grep d
d
d
d
⋮
```

最後，用 wc 計算行數，我們就會得到由四個命令所組成的管線所產生的答案——*/usr/lib* 包含 145 個子目錄：

```
$ ls -l /usr/lib | cut -c1 | grep d | wc -l
145
```

命令 #5：sort

sort 命令將檔案的每一行，進行重新遞增排序（預設）：

```
$ sort animals.txt
alpaca  Intermediate Perl       2012    Schwartz, Randal
donkey  Cisco IOS in a Nutshell 2005    Boney, James
horse   Linux in a Nutshell     2009    Siever, Ellen
oryx    Writing Word Macros     1999    Roman, Steven
python  Programming Python      2010    Lutz, Mark
robin   MySQL High Availability 2014    Bell, Charles
snail   SSH, The Secure Shell   2005    Barrett, Daniel
```

或遞減（使用 -r 選項）：

```
$ sort -r animals.txt
snail   SSH, The Secure Shell   2005    Barrett, Daniel
robin   MySQL High Availability 2014    Bell, Charles
python  Programming Python      2010    Lutz, Mark
oryx    Writing Word Macros     1999    Roman, Steven
horse   Linux in a Nutshell     2009    Siever, Ellen
donkey  Cisco IOS in a Nutshell 2005    Boney, James
alpaca  Intermediate Perl       2012    Schwartz, Randal
```

sort 可以按照字母順序（預設）或數字（使用 -n 選項）對每一行進行排序。我們將示範對 *animals.txt* 中取得切割後的第三個欄位（出版年份）並進行管線處理：

```
$ cut -f3 animals.txt                       Unsorted
2010
2005
2012
2014
2009
2005
1999
$ cut -f3 animals.txt | sort -n             Ascending
1999
2005
2005
2009
2010
2012
2014
$ cut -f3 animals.txt | sort -nr            Descending
2014
2012
2010
2009
2005
2005
1999
```

要得知 *animals.txt* 中最新一本書的年份，透過 sort 的輸出，再由管線傳遞到 head 的輸入，並僅只列印第一行：

```
$ cut -f3 animals.txt | sort -nr | head -n1
2014
```

最大值和最小值

sort、head 兩者在處理數字資料時是強大的合作夥伴，每一行代表一個值。我們可以透過管線，將資料中的最大值列印輸出：

```
... | sort -nr | head -n1
```

並列印最小值：

```
... | sort -n | head -n1
```

再舉另一個例子，使用檔案 */etc/passwd*，列出可以在系統上執行程式的使用者 [4]。我們將產生按字母順序排列的所有使用者的列表。並檢視前五行，會看到如下的內容：

```
$ head -n5 /etc/passwd
root:x:0:0:root:/root:/bin/bash
daemon:x:1:1:daemon:/usr/sbin:/usr/sbin/nologin
bin:x:2:2:bin:/bin:/usr/sbin/nologin
smith:x:1000:1000:Aisha Smith,,,:/home/smith:/bin/bash
jones:x:1001:1001:Bilbo Jones,,,:/home/jones:/bin/bash
```

每一行由冒號分隔的字串所組成，第一個字串是使用者名稱，因此可以使用 cut 命令分隔出使用者名稱：

```
$ head -n5 /etc/passwd | cut -d: -f1
root
daemon
bin
smith
jones
```

並對它們進行排序：

```
$ head -n5 /etc/passwd | cut -d: -f1 | sort
bin
daemon
jones
root
smith
```

4 某些 Linux 系統會將使用者資訊儲存在別的地方。

要產生所有使用者名稱的排序列表，而不僅限於前五個，請將 head 替換為 cat：

```
$ cat /etc/passwd | cut -d: -f1 | sort
```

要檢測某個使用者帳號是否在我們的系統上，需透過 grep 與使用者名稱進行比對。如果沒有任何輸出，表示該帳號並不存在：

```
$ cut -d: -f1 /etc/passwd | grep -w jones
jones
$ cut -d: -f1 /etc/passwd | grep -w rutabaga          （不產生任何輸出）
```

-w 選項通知 grep 只比對完整的單字，而非部分單字，用來防止系統中也有包含「jones」的使用者名稱，例如：sallyjones2。

命令 #6：uniq

uniq 命令用來檢測檔案中相鄰重複的行。預設情況下，會刪除重複項目。我們將用一個包含大寫字母的檔案來做示範：

```
$ cat letters
A
A
A
B
B
A
C
C
C
C
$ uniq letters
A
B
A
C
```

請留意，我們透過 uniq 將前三行 A 減少為一個 A，但保留例子中最後一個 A，因為它與前三行不相鄰。

我們還可以使用 -c 選項，計算出現次數：

```
$ uniq -c letters
      3 A
      2 B
      1 A
      4 C
```

我們必須承認，第一次遇到 uniq 命令時，我們並不認為它有多大用處。但很快地，它就成為了我們最愛的工具之一。假設我們有一個學生大學課程的期末成績檔案，以 tab 字元作分隔，範圍從 A（最好）到 F（最差）：

```
$ cat grades
C       Geraldine
B       Carmine
A       Kayla
A       Sophia
B       Haresh
C       Liam
B       Elijah
B       Emma
A       Olivia
D       Noah
F       Ava
```

想要列印出現次數最多的成績（即使成績相同，只需要列印其中之一）。首先用 cut 分隔開等級，並對其進行排序：

```
$ cut -f1 grades | sort
A
A
A
B
B
B
B
C
C
D
F
```

接下來，使用 uniq 命令得到相鄰行：

```
$ cut -f1 grades | sort | uniq -c
      3 A
      4 B
      2 C
      1 D
      1 F
```

然後依照相反的數字順序對內容進行排序，將最常出現的成績移到第一行：

```
$ cut -f1 grades | sort | uniq -c | sort -nr
      4 B
      3 A
```

```
      2 C
      1 F
      1 D
```

並只保留最前面的第一行：

```
$ cut -f1 grades | sort | uniq -c | sort -nr | head -n1
      4 B
```

最後，由於我們只需要英文字母的成績等級，而非計算數字，再次使用 cut 分隔等級：

```
$ cut -f1 grades | sort | uniq -c | sort -nr | head -n1 | cut -c9
B
```

這就是答案，歸功於組合出很長的六個命令的管線。這種循序漸進的管線架構不僅僅是一種潛移默化的動作。這也是 Linux 進階專家實際工作的方式。第 8 章我們會專門介紹此技術。

檢測重複檔案

讓我們將先前學到的知識再與一個更大的範例結合起來。假設我們在一個充滿 JPEG 檔案的目錄中，想知道是否有重複的檔案：

```
$ ls
image001.jpg  image005.jpg  image009.jpg  image013.jpg  image017.jpg
image002.jpg  image006.jpg  image010.jpg  image014.jpg  image018.jpg
⋮
```

我們現在可以用管線來回答這個問題。此外還需要另一個命令 md5sum 的協助，它檢查檔案的內容，並計算出一個 32 個字元的字串，稱為驗證碼（*checksum*）：

```
$ md5sum image001.jpg
146b163929b6533f02e91bdf21cb9563  image001.jpg
```

依照數學理論，指定檔案所計算出來的驗證碼，其結果非常、非常可能是唯一的。因此，如果兩個檔案具有相同的驗證碼，則幾乎可以肯定它們是重複的。以下 md5sum 表示第一、第三個檔案是重複的：

```
$ md5sum image001.jpg image002.jpg image003.jpg
146b163929b6533f02e91bdf21cb9563  image001.jpg
63da88b3ddde0843c94269638dfa6958  image002.jpg
146b163929b6533f02e91bdf21cb9563  image003.jpg
```

當只有三個檔案時，重複的驗證碼很容易透過肉眼檢視出來，但是如果有三千個怎麼辦？管線就是救援的工具。首先計算所有檔案的驗證碼，使用 cut 分隔每一行的前 32 個字元，並對這些內容進行排序，使得任何重複內容彼此相鄰：

```
$ md5sum *.jpg | cut -c1-32 | sort
1258012d57050ef6005739d0e6f6a257
146b163929b6533f02e91bdf21cb9563
146b163929b6533f02e91bdf21cb9563
17f339ed03733f402f74cf386209aeb3
⋮
```

再加入 uniq 來計算重複的部分：

```
$ md5sum *.jpg | cut -c1-32 | sort | uniq -c
      1 1258012d57050ef6005739d0e6f6a257
      2 146b163929b6533f02e91bdf21cb9563
      1 17f339ed03733f402f74cf386209aeb3
      ⋮
```

如果沒有重複內容，則 uniq 產生的所有計算數量都將是 1。依照數字從高到低對結果進行排序，任何大於 1 的數字都將出現在輸出的最上方：

```
$ md5sum *.jpg | cut -c1-32 | sort | uniq -c | sort -nr
      3 f6464ed766daca87ba407aede21c8fcc
      2 c7978522c58425f6af3f095ef1de1cd5
      2 146b163929b6533f02e91bdf21cb9563
      1 d8ad913044a51408ec1ed8a204ea9502
      ⋮
```

接下來刪除非重複部分。驗證碼的前方有六個空格、一個數字和一個空格。我們使用 grep -v 刪除這些行[5]：

```
$ md5sum *.jpg | cut -c1-32 | sort | uniq -c | sort -nr | grep -v "      1 "
      3 f6464ed766daca87ba407aede21c8fcc
      2 c7978522c58425f6af3f095ef1de1cd5
      2 146b163929b6533f02e91bdf21cb9563
```

最後，我們得到一個重複驗證碼列表，依照出現次數排序，這是由六個命令組成的漂亮管線所產生的結果。如果沒有任何輸出，則表示沒有重複檔案。

5 從技術上來說，grep 已經刪除了所有非重複項目，因此在管線中我們其實不需要最後的 sort -nr 命令。

如果命令可以顯示重複的檔案名稱，會顯得更加有用，但其中操作所需要的功能是我們尚未討論（將在第 98 頁的「改進重複檔案檢測工具」小節中學習它們）。現在，透過使用 grep 搜尋來辨識具有指定驗證碼的檔案：

```
$ md5sum *.jpg | grep 146b163929b6533f02e91bdf21cb9563
146b163929b6533f02e91bdf21cb9563  image001.jpg
146b163929b6533f02e91bdf21cb9563  image003.jpg
```

並使用 cut 清理輸出的內容：

```
$ md5sum *.jpg | grep 146b163929b6533f02e91bdf21cb9563 | cut -c35-
image001.jpg
image003.jpg
```

總結

我們現在已經看到標準輸入（stdin）、標準輸出（stdout）和管線（pipe）的強大功能。透過他們將少量命令組合變成可用的工具集合，間接證實了合作能創造的成果大於單打獨鬥的總和。任何讀取標準輸入或寫入標準輸出的命令，都可以加入到管線之中[6]。隨著學習更多的命令，我們可以套用本章中的一般概念，來打造屬於自己的強大組合。

6 某些命令不使用標準輸入 / 標準輸出，因此無法從管線讀取或寫入。例如：mv、rm。然而，管線可能會以其他方式合併這些命令；我們將在第 8 章中看到相關範例。

第二章

Shell 介紹

我們可以在提示符號（prompt）下執行命令。但提示符號是**什麼**？它來自哪裡，並且命令是如何執行的，以及為什麼它很重要？

這個微小的提示符號是由一個名為 *shell* 程式產生的。它是介於我們和 Linux 作業系統之間的使用者界面。Linux 提供了幾種 shell，最常見的（也是本書的標準）稱為 bash。（有關其他 shell 的說明，請參考附錄 B。）

bash 和其他 shell 所做的不僅僅是單純執行命令。例如，當命令包含萬用字元（*），代表同時參考多個檔案：

```
$ ls *.py
data.py    main.py    user_interface.py
```

萬用字元（wildcards）完全由 shell 處理，而不是由 ls 程式。shell 在執行 *ls* 之前，先行計算表示式 *.py 比對檔案列表，並在無形中替換成檔案名稱。換句話說，**ls 永遠不會看到萬用字元**。而從 ls 的角度來看，我們輸入以下命令：

```
$ ls data.py main.py user_interface.py
```

此外，shell 還處理我們在第 1 章中看到的管線。明確地重新導向 stdin 和 stdout，因此所涉及的程式並不知道它們正在相互傳遞資訊。

在每次命令的執行過程中，有些步驟是由啟動程式負責的，例如 ls；而有些是 shell 負責的。專業的使用者才能明白每個部分之間的差異。這就是為何他們總是可以隨心所欲地建立長而複雜的命令，並且還能成功執行的原因之一。在按下 Enter 之前**已經知道命令將要處理什麼事情**，某個程度來說是他們瞭解 shell 和啟動程式之間的權責劃分。

在本章中，我們將開始對 Linux shell 有更深入的討論。仍依循第 1 章中，沿用命令和管線的極簡主義作法。也不會一下子介紹數十個 Shell 功能，而是提供足夠的資訊，讓讀者能順利進入下一階段的學習之旅：

- 檔案名稱的樣式比對。
- 儲存數值的變數。
- 輸入和輸出的重新導向。
- 引號和轉義來關閉某些 shell 功能。
- 用來定位將要執行程式的搜尋路徑。
- 儲存在 shell 環境下的修改。

Shell 字彙

shell 這個字有兩個意思。有時表示 Linux 環境中 shell 的統稱概念，如「shell 是一個強大的工具」或「bash 是一種 shell」。而其他時候，表示在 Linux 電腦上，所執行的 shell 的特定實體（*instance*），等待我們下達命令。

在這本書的大多數時候，*shell* 從前後文中的含意表達應該是清楚的。必要時，作者會採取第二種方式，會透過 *shell 實體*、*執行中的 shell* 或我們目前的 *shell* 來表示。

大部分 shell 實體（並非全部）都會顯示提示符號，以便使用者可以進行互動。也會以專業用語*互動式 shell*（*interactive shell*）來代表它們。而某些 shell 實體並非互動式的，它們會執行一系列命令然後離開。

檔案名稱的樣式比對

在第 1 章中，我們見過幾個命令，它們都可接受檔案名稱作為參數，例如 `cut`、`sort`、`grep`。這些命令（及許多其他命令）也可接受多個檔案名稱作為參數。例如，我們可以一次在名為 *chapter1* 到 *chapter100* 的一百個檔案中搜尋單字 *Linux*：

```
$ grep Linux chapter1 chapter2 chapter3 chapter4 chapter5 ... 等等 ...
```

依照名稱列出多個檔案是一件乏味且浪費時間的事情，因此 shell 提供特殊字元，作為簡寫來意指代表具有相似名稱的檔案或目錄。許多人稱這些字元為萬用字元，但更統稱的概念稱為**樣式比對**（*pattern matching*）或**通用字元**（*globbing*）。學習樣式比對是 Linux 使用者最常見的兩種提昇工作效率及速度的技術之一。（另一個是在第 3 章會討論到，透過向上方向鍵，找到先前的某一個命令，再啟動 shell 執行它。）

大多數 Linux 使用者都熟悉星號字元（*），用來比對任何檔案或目錄路徑中零個或多個的字元（以點作為開頭的檔案和目錄除外）[1]：

```
$ grep Linux chapter*
```

在背後，shell（而非 grep！）會將樣式 chapter* 擴充為 100 個符合檔案名稱的列表。然後 shell 會執行 grep。

有機會的話，讀者還有可能看到問號（?）特殊字元，會比對任何單一字元（以點作為開頭的檔案和目錄除外）。例如，可以在第 1 章到第 9 章中搜尋單字 *Linux*，方法是提供一個問號，讓 shell 比對單一個數字：

```
$ grep Linux chapter?
```

或者是在第 10 章到第 99 章中，這時需要用兩個問號來比對兩個數字：

```
$ grep Linux chapter??
```

很少使用者熟悉中括號（[]），可使 shell 比對集合中的單一字元。例如，可以只搜尋前五章：

```
$ grep Linux chapter[12345]
```

同樣，我們可以提供連字符號，表示一個範圍的字元：

```
$ grep Linux chapter[1-5]
```

此外，還可以搜尋偶數章節，結合星號和中括號，使得 shell 比對以偶數結尾的檔案名稱：

```
$ grep Linux chapter*[02468]
```

任何字元，不僅僅是數字，都可以出現在中括號內進行比對。例如，以下命令中的 shell，將比對以大寫字母開頭、包含底線，並以 @ 符號結尾的檔案名稱：

```
$ ls [A-Z]*_*@
```

1 這就是為什麼命令 ls * 不會顯示以點作為開頭的檔案名稱，也就是點檔案（dot file）。

專業名詞：表示式的計算和擴充樣式

我們在命令列中輸入的字串，如 chapter* 或 Efficient Linux，稱為表示式（*expressions*）。像 ls -l chapter* 這樣的整個命令，也是一個表示式。

當 shell 解譯和處理表示式中的特殊字元（例如星號、管線符號）時，我們將它稱為 shell 計算（*evaluates*）表示式。

樣式比對是一種計算過程。因此，當 shell 遇到一個包含樣式比對符號（例如 chapter*）的表示式，會將樣式比對的部分與檔案名稱相互替換，這稱作 shell 擴充（*expands*）樣式。

在命令列中，只要是提供檔案或目錄路徑的任何地方，樣式幾乎都有效。例如，我們可以使用以下樣式列出目錄 */etc* 中，名稱以 *.conf* 結尾的所有檔案：

```
$ ls -1 /etc/*.conf
/etc/adduser.conf
/etc/appstream.conf
⋮
/etc/wodim.conf
```

將樣式與只接受一個檔案、目錄作為參數的命令，一起使用時要小心，例如 cd。這可能不會得到我們所期望的行為：

```
$ ls
Pictures    Poems    Politics
$ cd P*                                將會有三個符合比對的目錄
bash: cd: too many arguments
```

如果樣式無法比對出任何檔案，shell 將保持不變，並其以作為命令的參數逐字傳遞。在以下命令中，樣式為 *.doc 與當前目錄中的檔案比對都不相符，因此 ls 依照字面上搜尋名為 *.doc 的檔案而造成失敗：

```
$ ls *.doc
/bin/ls: cannot access '*.doc': No such file or directory
```

在處理檔案樣式時，請記住兩個重點。首先，正如作者前面強調的那樣，執行樣式比對的是 shell，而非被啟動的程式。雖然作者一直在重複這一點，但令人驚訝的是，仍然有多少 Linux 使用者並不清楚，並且對某些命令成功或失敗的原因產生迷惑。

第二個重點是 shell 樣式比對只能套用在檔案和目錄路徑。它並不適用於使用者名稱、主機名稱和某些接受的其他型別參數的命令。我們也不能在命令列一開始就輸入（例如）`s?rt` 並期望 shell 執行排序程式。（某些 Linux 命令，如 `grep`、`sed`、`awk` 它們自己擁有各自的樣式比對格式與執行方式，我們將在第 5 章中探討。）

檔案名稱樣式比對與我們程式之間的關係

所有接受檔案名稱作為參數的程式，它們都會自動「使用」樣式比對，因為 shell 在程式執行之前就處理樣式計算。即使是我們自己撰寫的程式、指令稿亦是如此。例如，撰寫一個程式 `english2swedish`，會將檔案從英語翻譯成瑞典語，並在命令列上接受多個檔案名稱，我們可以使用樣式比對來執行：

```
$ english2swedish *.txt
```

變數的計算

執行的 shell 可以定義變數，並在其中儲存數值。shell 變數很像代數系統中的變數——它有一個名稱和一個數值。一個例子是 shell 變數 `HOME`。這個是用來儲存使用者在 Linux 環境中家目錄的路徑，例如 */home/smith*。另一個例子是 `USER`，這個數值是 Linux 環境中使用者名稱，在整本書中作者都假設是 `smith`。

要在標準輸出中列印 `HOME`、`USER` 的數值，執行命令 `printenv`：

```
$ printenv HOME
/home/smith
$ printenv USER
smith
```

當 shell 開始計算一個變數時，會用它的數值替換對應的變數名稱。只需在名稱前放置一個錢字符號即可計算變數。例如，`$HOME` 的計算結果為字串 `/home/smith`。

檢視 shell 計算的結果，最簡單方法是執行 `echo` 命令，僅單純的將參數列印出來（在 shell 完成計算它們之後）：

```
$ echo My name is $USER and my files are in $HOME      計算變數
My name is smith and my files are in /home/smith
$ echo ch*ter9                                         計算樣式
chapter9
```

變數從何而來

USER 和 HOME 等變數是由 shell 預先定義好的。它們的數值會在使用者登入時自動設定。（稍後將會詳細介紹此過程。）傳統上，這類預先定義變數會具有大寫名稱。

我們還可以隨時透過以下語法替變數指派數值，來定義或修改變數：

```
name= value
```

例如，假設經常在目錄 */home/smith/Projects* 中工作，我們可以將其指派給某個變數：

```
$ work=$HOME/Projects
```

並透過 cd 命令，變成快速切換的捷徑方式：

```
$ cd $work
$ pwd
/home/smith/Projects
```

我們可以將 $work 提供給需要目錄的任何命令：

```
$ cp myfile $work
$ ls $work
myfile
```

定義變數時，等號兩邊不允許有空格。如果忘記了，shell 會在誤解的狀況下，假設命令列上的第一個字是要執行的程式，等號和數值是變成程式的參數，我們會看到一行顯示著錯誤訊息：

```
$ work = $HOME/Projects              shell 假設「work」是一個命令
work: command not found
```

使用者定義的變數 work 如同系統的變數 HOME，兩者都符合規則且可操作的。唯一的實際區別，是在某些 Linux 程式會根據 HOME、USER 與其他系統定義的變數有所衝突時，導致程式內部的行為被改變。例如，具有圖形界面的 Linux 程式，可能會從 shell 中檢查使用者名稱並顯示出來。像這樣的程式不會在意像 work 這樣，由使用者產生出來的變數，因為程式本身在編譯時並不需要如此動作。

變數和迷思

當我們使用 echo 列印變數數值時：

```
$ echo $HOME
/home/smith
```

我們可能認為 echo 命令檢查 HOME 變數，並列印數值。但實際不是如此的情況。echo 對變數一無所知。它只是列印我們交給它的任何參數。真正發生變化的是 shell，在執行 echo 之前計算 $HOME。從 echo 的角度來看，是我們輸入了：

```
$ echo /home/smith
```

瞭解這種行為非常重要，尤其是當深入研究更複雜的命令時。在執行命令之前 shell 會計算命令中的變數，以及樣式和其他 shell 結構。

樣式與變數

來測試一下讀者，對樣式和變數計算的理解。假設我們在目錄中含有兩個子目錄，*mammals* 和 *reptiles*，奇怪的是 *mammals* 子目錄包含檔名為 *lizard.txt*、*snake.txt* 的檔案：

```
$ ls
mammals   reptiles
$ ls mammals
lizard.txt  snake.txt
```

在現實世界中，蜥蜴和蛇不是哺乳動物，所以這兩個檔案應該移動到 *reptiles* 子目錄下。這裡有兩種建議的方法。一種是有效的，但另一種則無效：

```
mv mammals/*.txt reptiles                         方法一

FILES="lizard.txt snake.txt"
mv mammals/$FILES reptiles                        方法二
```

方法一是有效的，因為樣式比對了整個檔案路徑。來看一下目錄名稱 *mammals* 是如何讓兩個比對項目成為 mammals/*.txt 的一部分：

```
$ echo mammals/*.txt
mammals/lizard.txt mammals/snake.txt
```

因此，方法一的執行就像我們輸入以下正確的命令一樣：

```
$ mv mammals/lizard.txt mammals/snake.txt reptiles
```

方法二使用變數，這些變數僅計算其變數數值。對檔案路徑並沒有特殊處理：

```
$ echo mammals/$FILES
mammals/lizard.txt snake.txt
```

因此，方法二的執行就像我們輸入以下有問題的命令一樣：

```
$ mv mammals/lizard.txt snake.txt reptiles
```

此命令在當下目錄中搜尋檔案 *snake.txt*，而不是在 *mammals* 子目錄中，因此失敗：

```
$ mv mammals/$FILES reptiles
/bin/mv: cannot stat 'snake.txt': No such file or directory
```

要使變數在方法二這種情況下能正常運作，需要使用 for 迴圈，將目錄名稱 *mammals* 增加到每個檔案名稱之中：

```
FILES="lizard.txt snake.txt"
for f in $FILES; do
  mv mammals/$f reptiles
done
```

使用別名縮短命令

變數是代表數值的名稱。shell 也有代表命令的名稱，稱為**別名**（*aliases*）。利用建立一個名稱，並在其後方緊跟著一個等號和一整個命令來定義別名：

```
$ alias g=grep              沒有參數的命令
$ alias ll="ls -l"          帶參數的命令：需要雙引號
```

透過輸入別名來執行命令。當別名比呼叫的命令來得更簡短時，可以節省我們輸入的時間：

```
$ ll                                          執行 "ls -l"
-rw-r--r-- 1 smith smith 325 Jul  3 17:44 animals.txt
$ g Nutshell animals.txt                      執行 "grep Nutshell animals.txt"
horse   Linux in a Nutshell     2009    Siever, Ellen
donkey  Cisco IOS in a Nutshell 2005    Boney, James
```

始終在一行之中定義別名，而非作為組合命令的一部分。（有關技術細節，請參考 man bash。）

我們可以定義一個與目前現有命令相同名稱的別名，進一步在 shell 中有效地替換該命令。這種做法稱為**隱藏**（*shadowing*）命令。假設讀者喜歡使用讀取檔案的 less 命令，但又希望在顯示每一頁之前清空螢幕。這個特性可透過 -c 選項開啟，所以定義一個名稱為「less」的別名執行 less -c[2]：

```
$ alias less="less -c"
```

2 bash 利用不能擴充第二次 less 別名，防止無限遞迴呼叫。

別名會優先於同樣名稱的命令，因此在目前 shell 中隱藏 `less` 命令。作者將在第 35 頁的「搜尋路徑和別名」注意事項中解釋**優先權**（*precedence*）的含義。要列出 shell 的別名及其數值，請執行 `alias` 並且不帶參數：

```
$ alias
alias g='grep'
alias ll='ls -l'
```

要查詢某一個別名的數值，請執行 `alias` 緊接著名稱：

```
$ alias g
alias g='grep'
```

要從 shell 中刪除別名，請執行 `unalias`：

```
$ unalias g
```

重新導向輸入和輸出

shell 控制執行命令的輸入和輸出。我們先前已經看過一個例子：管線，它將一個命令的標準輸出導向到另一個命令的標準輸入。管線語法 | 是 shell 的一個特點。

另一個 shell 功能是將 stdout 重新導向到一個檔案中。例如，先前範例 1-1 中的 *animals.txt* 檔案，我們使用 `grep` 列印出比對的結果，並且命令預設是寫到標準輸出：

```
$ grep Perl animals.txt
alpaca Intermediate Perl        2012    Schwartz, Randal
```

我們可以使用 shell 的**輸出重新導向**（*output redirection*）功能，將輸出傳送到檔案。只需增加符號 `>`，之後接著檔案名稱，即可接收輸出：

```
$ grep Perl animals.txt > outfile                        （不顯示輸出）
$ cat outfile
alpaca Intermediate Perl        2012    Schwartz, Randal
```

剛剛我們將 stdout 重新導向到檔案 *outfile* 而不顯示。如果檔案 *outfile* 不存在，則建立它。如果檔案存在，重新導向並將其內容覆蓋過去。如果我們希望輸出附加到檔案，而不是覆蓋過去，請改用符號 `>>`：

```
$ grep Perl animals.txt > outfile              建立或覆蓋輸出檔案
$ echo There was just one match >> outfile     附加到輸出檔案
$ cat outfile
alpaca Intermediate Perl        2012    Schwartz, Randal
There was just one match
```

輸出重新導向的另一個面向是，**輸入重新導向**（*input redirection*），這會將 stdin 重新導向為來自檔案，而非來自鍵盤。使用符號 `<`，之後接著檔案名稱，重新導向標準輸入。

許多接受檔案名稱作為參數，並從這些檔案中讀取的 Linux 命令，若在執行時期不帶參數，此時也會從標準輸入讀取。像 `wc` 就是一個例子，用來計算檔案中的行數、單字數量和字元數量：

```
$ wc animals.txt                          從檔案中讀取
  7  51 325 animals.txt
$ wc < animals.txt                        由重新導向的標準輸入讀取
  7  51 325
```

標準錯誤（stderr）與重新導向

在平常的 Linux 使用中，可能會注意到某些輸出無法透過 `>` 重新導向，像是錯誤訊息。例如，利用 `cp` 命令複製一個不存在的檔案，會產生以下錯誤訊息：

```
$ cp nonexistent.txt file.txt
cp: cannot stat 'nonexistent.txt': No such file or directory
```

如果將此 `cp` 命令的輸出（stdout）重新導向到一個檔案 *errors*，錯誤訊息仍會出現在螢幕上：

```
$ cp nonexistent.txt file.txt > errors
cp: cannot stat 'nonexistent.txt': No such file or directory
```

且檔案 *errors* 是空的：

```
$ cat errors                                  （不產生任何輸出）
```

為什麼會這樣？ Linux 命令可以產生多個輸出資料流。除了 stdout 之外，還有 stderr（讀作「standard error」或「standard err」），這是傳統上為錯誤訊息所保留的第二個輸出資料流。資料流 stderr、stdout，在螢幕顯示上看起來很相似，但在內部它們卻是分開的。我們可以使用符號 `2>`，後面接著檔案名稱，將 stderr 重新導向：

```
$ cp nonexistent.txt file.txt 2> errors
$ cat errors
cp: cannot stat 'nonexistent.txt': No such file or directory
```

這時將 stderr 附加到檔案中，並帶有 `2>>`，後面接著檔案名稱：

```
$ cp nonexistent.txt file.txt 2> errors
$ cp another.txt file.txt 2>> errors
$ cat errors
cp: cannot stat 'nonexistent.txt': No such file or directory
cp: cannot stat 'another.txt': No such file or directory
```

要將 stdout 和 stderr 重新導向到同一個檔案的話，請使用 `&>`，也是緊接著檔案名稱：

```
$ echo This file exists > goodfile.txt          Create a file
$ cat goodfile.txt nonexistent.txt &> all.output
$ cat all.output
This file exists
cat: nonexistent.txt: No such file or directory
```

徹底瞭解這兩個 `wc` 命令，在行為上的不同之處是非常重要的：

- 在第一個命令中，`wc` 接收檔案名稱 *animals.txt* 作為參數，因此 `wc` 知道該檔案存在。`wc` 開啟磁碟上的檔案，並讀取其內容。
- 在第二個命令中，執行 `wc` 時不帶任何參數，因此會從 stdin（通常是鍵盤）讀取數據資料。然而，shell 偷偷的將 stdin 重新導向，來自 *animals.txt*。反觀 `wc` 卻不知道檔案 *animals.txt* 是否存在。

shell 可以在同一命令中重新導向輸入和輸出：

```
$ wc < animals.txt > count
$ cat count
  7  51 325
```

甚至可以同時使用管線。以下的範例，`grep` 經由重新導向的標準輸入讀取資料，並將結果透過管線傳輸給 `wc`，而 `wc` 對重新導向的標準輸出進行資料寫入，產生檔案 *count*：

```
$ grep Perl < animals.txt | wc > count
$ cat count
       1       6      47
```

我們將在第 8 章中，更深入研究這一類組合命令，整本書中還會看到許多其他重新導向的例子。

引號與轉義符號的計算

通常 shell 使用空格作為單字之間的分隔符號。以下命令有四個字——一個程式名稱、三個參數：

```
$ ls file1 file2 file3
```

然而，有時會需要 shell 將空格視為重要的部分，而非分隔符號。一個常見的例子是含有空格的檔案名稱，例如 *Efficient Linux Tips.txt*：

```
$ ls -l
-rw-r--r-- 1 smith smith 36 Aug  9 22:12 Efficient Linux Tips.txt
```

如果我們在命令列中，需要使用這樣的檔案名稱，那麼執行命令可能會失敗，因為 shell 將空格字元視為分隔符號：

```
$ cat Efficient Linux Tips.txt
cat: Efficient: No such file or directory
cat: Linux: No such file or directory
cat: Tips.txt: No such file or directory
```

要強制 shell 將空格視為檔案名稱的一部分，有三個可選擇的解決方式——單引號、雙引號和反斜線：

```
$ cat 'Efficient Linux Tips.txt'
$ cat "Efficient Linux Tips.txt"
$ cat Efficient\ Linux\ Tips.txt
```

單引號告訴 shell，依照字面上意義看待字串中的每個字元，即使某個字元對 shell 具有特殊含義，例如空格和錢字符號：

```
$ echo '$HOME'
$HOME
```

雙引號告訴 shell，依照字面上意義處理所有字元，除了某些錢字符號和一些其他稍後會學習到的字元：

```
$ echo "Notice that $HOME is evaluated"          雙引號
Notice that /home/smith is evaluated
$ echo 'Notice that $HOME is not'                單引號
Notice that $HOME is not
```

反斜線，也稱為**轉義字元**（*escape character*），用來告訴 shell 依照字面上的意思，處理下一個字元。以下命令包含一個經過轉義的錢字符號：

```
$ echo \$HOME
$HOME
```

即使在雙引號內，反斜線也可充當轉義字元：

```
$ echo "The value of \$HOME is $HOME"
The value of $HOME is /home/smith
```

但不在單引號內：

```
$ echo 'The value of \$HOME is $HOME'
The value of \$HOME is $HOME
```

使用反斜線轉義雙引號內的雙引號字元：

```
$ echo "This message is \"sort of\" interesting"
This message is "sort of" interesting
```

在一行結束的尾端使用反斜線，會關閉不可見的換行符號，這樣的特殊性質讓 shell 命令可以跨越多行：

```
$ echo "This is a very long message that needs to extend \
onto multiple lines"
This is a very long message that needs to extend onto multiple lines
```

最後，反斜線也適合加入到命令列中，可使得管線的整個指令可讀性變得更好，例如在第 15 頁的「命令 #6：uniq」小節：

```
$ cut -f1 grades \
  | sort \
  | uniq -c \
  | sort -nr \
  | head -n1 \
  | cut -c9
```

以這種方式使用時，反斜線稱為**命令列接續符號**（*line continuation character*）。在別名之前加入反斜線轉義別名，會導致 shell 搜尋相同名稱的命令，而忽略任何用來隱藏的命令：

```
$ alias less="less -c"        定義別名
$ less myfile                 執行別名，執行 less -c
$ \less myfile                執行標準的 less 命令，而不是別名
```

定位要執行的程式

對 shell 而言，一開始收到簡單的命令時，例如 `ls *.py`，會認為那只是一串無意義的字元。接著會將字串快速拆開分離為兩個字「`ls`」和「`*.py`」。在這種情況下，第一個字是硬碟上程式的名稱，shell 必須找到該程式才能執行。然而更精確的來說，程式 `ls` 是目錄 */bin* 中的一個可執行檔案。我們可以使用以下命令確認其位置：

```
$ ls -l /bin/ls
-rwxr-xr-x 1 root root 133792 Jan 18  2018 /bin/ls
```

或者使用 `cd /bin` 切換目錄，並執行以下看似神祕的命令：

```
$ ls ls
ls
```

使用命令 `ls` 列出可執行的 *ls* 檔案。

shell 如何定位 */bin* 目錄下的 `ls`？其實在背後，shell 會依照保存在記憶體中，預先安排好的目錄列表中來查詢命令，我們稱為**搜尋路徑**（*search path*）。這份列表儲存在 shell 中的 PATH 變數：

```
$ echo $PATH
/home/smith/bin:/usr/local/bin:/usr/bin:/bin:/usr/games:/usr/lib/java/bin
```

搜尋路徑中的目錄，以冒號（`:`）作為分隔。為了讓讀者看得更清楚一些，將結果傳入到 `tr` 命令，將一個字元轉換為另一個字元，因此我們可以將冒號轉換為換行符號（更多詳細資訊，請參考第 5 章）：

```
$ echo $PATH | tr : "\n"
/home/smith/bin
/usr/local/bin
/usr/bin
/bin
/usr/games
/usr/lib/java/bin
```

若以剛剛定位 `ls` 程式時，shell 會從頭到尾查詢搜尋路徑中的目錄。首先查詢「*/home/smith/bin/ls* 存在嗎？」不存在。接著又查詢「*/usr/local/bin/ls* 存在嗎？」不存在。「那改以查詢 */usr/bin/ls* 如何？」依舊不存在。「那也許是 */bin/ls* ？」是的，找到了！可以執行 */bin/ls*。整個搜尋過程快速得讓人感覺不出來[3]。

3 有些 shell 會（暫存）記住程式所在的路徑，進而減少之後的搜尋。

要在搜尋路徑中定位程式，請使用 which 命令：

```
$ which cp
/bin/cp
$ which which
/usr/bin/which
```

或更強大（且詳細）的 type 命令，這個 shell 內建命令，還可以定位別名、函數和 shell 內建命令[4]：

```
$ type cp
cp is hashed (/bin/cp)
$ type ll
ll is aliased to  '/bin/ls -l'
$ type type
type is a shell builtin
```

我們的搜尋路徑可能包含不同目錄，但卻可能擁有相同命令的檔案名稱，例如 */usr/bin/less* 和 */bin/less*。在 shell 路徑定位過程中，越早出現在目錄中的命令，越優先被執行。藉由這樣的機制，可以透過將相同命令的程式名稱，放置在搜尋路徑較前面的目錄中，來覆寫 Linux 命令，例如前面範例中的個人 *$HOME/bin* 目錄。

搜尋路徑和別名

當 shell 依照名稱搜尋命令時，會在檢查搜尋路徑之前，確認該名稱是否是別名。這就是別名可以隱藏（優先於）相同名稱命令的原因。

搜尋路徑是一個很好的例子，可以呈現出在 Linux 中某些神祕之處，也說明有一套簡單的依循規則。shell 不會憑空抓取或透過魔法定位命令。它會有層次且清楚地檢查列表中的目錄，直到找到符合需求的可執行檔案。

環境和簡易的初始化設定檔

一個正在執行的 shell，會儲存一堆重要資訊在變數中，如：搜尋路徑、目前所在的目錄、我們預設的文字編輯器、自訂的 shell 提示符號等等。正在執行的 shell 的變數，統稱為環境（*environment*）變數。在離開 shell 時，環境變數就會銷毀掉。

4 注意命令 type which 會產生輸出結果，但 which type 不會產生結果。

每一次 shell 的環境變數如果都需要手動定義，那麼將會非常枯燥無味。解決方法是在名為**啟動檔案**（*startup files*）和**初始化檔案**（*initialization files*）的 shell 指令稿中定義環境變數，讓每次 shell 在啟動時執行這些指令稿。其中有某些資訊，對於所有正在執行的 shell 來說，可以視為「全域」、「已知的」。

作者將在第 116 頁的「配置我們的環境」小節中，將深入探討細節。現在，將引導各位講解一個初始化檔案，以便我們順利完成接下來的內容。這個檔案稱為 *.bashrc*（讀作「dot bash RC」），位於家目錄中。因為檔案名稱以點字開頭，所以 ls 預設不會將其列印出來：

```
$ ls $HOME
apple   banana   carrot
$ ls -a $HOME
.bashrc   apple   banana   carrot
```

如果 *$HOME/.bashrc* 不存在，請使用文字編輯器建立它。

我們將命令放置在該檔案中，在 shell 啟動時自動執行[5]，因此這是環境定義變數以及其他（例如別名）配置設定的好地方，對 shell 而言是相當重要的。以下是一個 *.bashrc* 範例檔案。以 # 開頭的部分是註解：

```
#設定搜尋路徑
PATH=$HOME/bin:/usr/local/bin:/usr/bin:/bin
#設定 shell 提示符號
PS1='$ '
#設定我們預設的文字編輯器
EDITOR=emacs
#開始切換到我們的工作目錄
cd $HOME/Work/Projects
#定義別名
alias g=grep
#輸出問候語
echo "Welcome to Linux, friend!"
```

我們對 *$HOME/.bashrc* 所做的任何修改，都不會影響任何正在執行的 shell，只會影響之後開啟的 shell。並且可以使用以下任何一組命令，強制正在執行的 shell 重新讀取、執行 *$HOME/.bashrc*：

```
$ source $HOME/.bashrc        使用內建的「source」命令
$ . $HOME/.bashrc             使用點
```

5 這樣的說明過於簡單了；在表 6-1 中有更多詳細資訊。

此過程稱為**來源化**（*sourcing*）初始化檔案。如果有人告訴我們「取得 dot-bash-R-C 檔案」，他們的意思就是執行上述命令。

在現實生活中，不要將所有 shell 配置設定都放在 *$HOME/.bashrc* 中。待閱讀完第 116 頁的「配置我們的環境」小節的詳細說明，再回頭檢查 *$HOME/.bashrc*，如果需要的話，請將命令移動到正確檔案中。

總結

作者目前只介紹了極少數的 bash 功能及其最基本的用途。我們將在接下來的章節中看到更多內容，尤其是第 6 章。現在最重要的工作是理解以下概念：

- shell 的存在與其具有重要的職責。
- shell 在執行任何命令之前，計算命令列。
- 命令可以重新導向 stdin、stdout 和 stderr。
- 引號和轉義，用於防止計算特殊的 shell 字元。
- shell 使用目錄搜尋路徑的概念與定位程式。
- 我們可以透過對檔案 *$HOME/.bashrc* 增加命令來修改 shell 的預設行為。

我們越瞭解 shell、啟動程式，兩者之間的區別，命令列的操作就會越覺得合理，並且更能夠在按下 Enter 執行命令之前，預測會發生什麼狀況。

第三章

重新執行命令

假設我們剛剛執行一個帶有瑣碎管線且冗長的命令，例如第 17 頁的「檢測重複檔案」小節中的這個命令：

```
$ md5sum *.jpg | cut -c1-32 | sort | uniq -c | sort -nr
```

倘若想再次執行。請不要重新輸入！取而代之的是要求 shell 回傳歷史記錄，並重新執行命令。shell 在背後會記錄我們啟動的命令，因此可以輕鬆透過幾個按鍵重新啟動執行它們。此功能稱為**命令歷史記錄**（*command history*）。Linux 的進階使用者會大量使用命令歷史記錄，來加快工作速度以避免浪費時間。

同樣，假設我們在執行前一個命令之前輸入錯誤，例如將「jpg」拼錯輸入成「jg」：

```
$ md5sum *.jg | cut -c1-32 | sort | uniq -c | sort -nr
```

要修復錯誤，請不要多次按退格鍵（Backspace）並再一次輸入所有內容。反而應該找到錯誤的地方，直接修改命令。shell 支援**命令列編輯**（*command-line editing*），用來修改拼字的錯誤，如同在文字編輯器中一樣。

本章將向讀者說明，如何透過利用命令歷史記錄與命令列編輯，大幅節省時間和輸入。一如往常，作者無法在嘗試過程中面面俱到——但重點將會放在介紹這些 shell 功能中最常用、好用的部分（如果使用 bash 以外的 shell，請參考「附錄 B」，取得更多的說明）。

學習盲打技巧

如果我們的打字可以更加快速，那麼本書中的所有建議，將能獲得更有效的發揮。無論學識多寡，打字是一個客觀分析速度的指標，如果讀者每分鐘輸入 40 個單字，而朋友每分鐘輸入 120 個，那麼朋友的工作速度將是讀者的三倍。在網路上搜尋「測試打字速度」來量測輸入的速度，並搜尋「打字教學」，培養這樣的終身技能。嘗試達到每分鐘 100 個單字。這會是一個不錯的成績。

檢視命令歷史記錄

歷史命令（*history*）是指我們在 shell 互動過程中，先前執行過的命令列表。要檢視 shell 的歷史記錄，請執行 history 命令，這是一個內建命令。這些命令會依照時間順序顯示，並帶有方便用來參考的 ID 編號。輸出結果看起來像以下這樣：

```
$ history
 1000  cd $HOME/Music
 1001  ls
 1002  mv jazz.mp3 jazzy-song.mp3
 1003  play jazzy-song.mp3
⋮                                    省略以下 479 行
 1481  cd
 1482  firefox https://google.com
 1483  history                       其中包含我們剛剛執行的命令
```

history 命令輸出的結果可能有數百行（甚至更多）。可藉由添加整數的參數，將結果限制在最近用過的命令，該參數指定要列印的行數：

```
$ history 3                          列印最近的 3 個命令
 1482  firefox https://google.com
 1483  history
 1484  history 3
```

由於 history 命令寫到標準輸出，因此還可以使用管線處理輸出。例如，一次檢視一個畫面的歷史記錄：

```
$ history | less                     顯示由先前到最近的命令
$ history | sort -nr | less          顯示由最近到先前的命令
```

或者只列印包含單字 cd 的歷史命令：

```
$ history | grep -w cd
 1000  cd $HOME/Music
```

```
 1092  cd ..
 1123  cd Finances
 1375  cd Checking
 1481  cd
 1485  history | grep -w cd
```

要清除（刪除）目前 shell 的歷史記錄，請使用 -c 選項：

```
$ history -c
```

從歷史中啟動命令

接下來將展示三種，從 shell 歷史記錄中啟動命令的快速方法：

以游標方式（Cursoring）

學起來很簡單，但實際用起來往往速度很慢

歷史擴充命令（History expansion）

更難學習（坦白地說，這有些神祕），但可以讓輸入變得非常快

漸進式搜尋（Incremental search）

既簡單又快速

每種方法都有在其特定的使用情況，所以建議這三種方法都學習。我們了解的技術越多，就越能在任何情況下選擇正確的方法。

以游標方式瀏覽歷史

要在指定的 shell 中啟動之前的命令，請按向上方向鍵。就是這麼簡單。按住向上箭頭，先前執行過的命令會依照時間倒序排列輸出。若再按住向下箭頭，會朝向另一個方向前進（就是最近的命令）。當我們到達需要的命令時，按 Enter 鍵執行它。

以游標方式來瀏覽命令歷史記錄，是學習 Linux 加速方法中，最常見的一種。（另一個加速方法先前提過，是使用 * 樣式比對檔案名稱，我們在第 2 章中看到過。）如果想要的命令在歷史記錄中距離很近（不超過先前兩三個命令），則以游標方式的瀏覽會很有效，但若是要到更遠的命令會變得很乏味。如果需要按向上箭頭 137 次，那麼鍵盤會很快老化。

最好的狀況是緊接著啟動、執行先前的命令。在許多鍵盤上，向上方向鍵靠近 Enter 鍵，因此我們的手指可以在彈指間依序快速按下這兩個按鍵。在完整尺寸的美式 QWERTY 鍵盤上，作者是將右手無名指放在向上箭頭，右手食指放在 Enter 鍵，以便快速按下這兩個按鍵。（趕緊試試看。）

關於命令歷史的常見問題

一個 *shell* 的歷史記錄中儲存了多少筆命令？

最大數值是 500 或由儲存在 shell 變數 `HISTSIZE` 中所指定的任何數字，當然我們可以修改它：

```
$ echo $HISTSIZE
500
$ HISTSIZE=10000
```

電腦記憶體已經相當便宜且足夠使用，因此將 `HISTSIZE` 設定為一個很大數字會更有意義，這樣我們就可以呼叫喚回、重新執行很久以前的命令。（10,000 個命令的歷史記錄只佔用大約 200K 的記憶體。）或者大膽一點，將數值設定為 `-1` 來儲存無限的命令。

什麼文字會被附加到歷史命令中？

shell 會準確的附加我們輸入的內容，過程中不會進行計算。如果執行 `ls $HOME`，歷史命令將包含「`ls $HOME`」，而非「`ls /home/smith`」（其中有一個例外：參考第 45 頁的「歷史擴充命令的表示式不會出現在紀錄中」注意事項）。

重複的命令是否附加到歷史記錄中？

答案取決於環境變數 `HISTCONTROL` 的數值。預設情況下，如果未設定此變數，則會附加每一次的命令。如果數值為 `ignoredups`（作者推薦），那麼如果重複的命令是連續的，則不會附加（其他數值請參考 `man bash`）：

```
$ HISTCONTROL=ignoredups
```

是每個 *shell* 都有單獨的歷史記錄，還是所有 *shell* 共用一個歷史記錄？

每一個 shell 互動過程都有一個單獨的歷史記錄。

啟動一個新的 *shell*，為什麼它已經有過去的歷史命令？

每當 shell 離開時，會將其歷史記錄寫入檔案 *$HOME/.bash_history* 或儲存在變數 HISTFILE 中所指定的任何檔案路徑：

```
$ echo $HISTFILE
/home/smith/.bash_history
```

新執行的 shell 在啟動時，會載入這個檔案，因此立即擁有歷史記錄。如果我們在一個古怪的系統中執行許多 shell，可能會因為它們全部在離開時寫入 $HISTFILE，使得新執行的 shell 將載入哪一個先前的歷史記錄，將變得不可預測。

變數 HISTFILESIZE 將控制多少筆歷史記錄寫入檔案中。如果我們修改 HISTSIZE 來控制記憶體中歷史記錄的大小，請同時考慮更新 HISTFILESIZE：

```
$ echo $HISTFILESIZE
500
$ HISTFILESIZE=10000
```

歷史擴充命令

歷史擴充命令是一個 shell 特性，使用特殊表示，來存取歷史命令。這些表達式是以驚嘆號作為開頭，傳統上的發音念法為「bang」。例如，連續兩個驚嘆號（bang bang）的計算結果為前一個命令：

```
$ echo Efficient Linux
Efficient Linux
$ !!                                 "Bang bang" = 上一個命令
echo Efficient Linux                 協助 shell 列印剛剛正在執行的命令
Efficient Linux
```

要引用特定字串開頭的命令，請在命令字串前面加入一個驚嘆號。例如，要重新執行最近的 grep 命令，請執行「bang grep」：

```
$ !grep
grep Perl animals.txt
alpaca  Intermediate Perl  2012 Schwartz, Randal
```

倘若要執行先前在某處的指定命令，除了在命令的開頭加入驚嘆號之外，還要放置問號在字串前、後位置上，如 [1]：

1　我們可以在這裡省略結尾的問號，如 !?grep。但在某些情況下它是必需的，例如 sed 風格的 history 擴充（參見第 51 頁的「歷史命令中更強大的替換功能」專欄）。

```
$ !?grep?
history | grep -w cd
 1000  cd $HOME/Music
 1092  cd ..
⋮
```

我們還可以透過絕對位置，從 shell 的歷史記錄中查出特定命令——依照在 history 命令輸出中，位於其左側的 ID 編號。例如，表示式 !1203（bang 1203）意指「歷史記錄中位置編號為 1203 的命令」：

```
$ history | grep hosts
 1203  cat /etc/hosts
$ !1203                          1203位置的命令
cat /etc/hosts
127.0.0.1       localhost
127.0.1.1       example.oreilly.com
::1             example.oreilly.com
```

如果是數值為負數，表示在歷史記錄中的相對位置而不是絕對位置。例如，!-3（bang minus three）表示「我們在之前執行的前三個命令」：

```
$ history
 4197  cd /tmp/junk
 4198  rm *
 4199  head -n2 /etc/hosts
 4199  cd
 4200  history
$ !-3                            在之前執行的前三個命令
head -n2 /etc/hosts
127.0.0.1       localhost
127.0.1.1       example.oreilly.com
```

歷史擴充命令的功能，既快速又方便，雖然有些怪異。但是，如果我們提供錯誤的數值，也不加以確認而執行，則可能會有風險。仔細回顧前面的例子。如果計算錯誤並輸入了 !-4 而不是 !-3，我們將執行 rm * 而非預期的 head 命令，並且錯誤刪除使用者家目錄中的檔案！為了降低這種風險，請加入修飾符號 :p，這樣會列印出歷史記錄中的命令，但不會執行：

```
$ !-3:p
head -n2 /etc/hosts              列印出來，但不執行
```

shell 將未執行的命令（head）也會被加入到歷史記錄中，因此如果命令使用的狀況看起來不錯，我們可以快速透過「bang bang」再執行一次：

```
$ !-3:p
head -n2 /etc/hosts              列印出來，但不執行，並附加到歷史記錄中
```

```
$ !!                              真正執行命令
head -n2 /etc/hosts               列印然後執行
127.0.0.1       localhost
127.0.1.1       example.oreilly.com
```

有些人將歷史擴充命令稱為「bang 命令」，但像 `!!` 與 `!grep` 卻不是命令。它們是字串表示式，可以放在命令中的**任何位置**。接下來使用 `echo` 列印 `!!` 的數值，作為示範。命令本身會輸出到 stdout 而不會執行，並且使用 `wc` 計算單字數：

```
$ ls -l /etc | head -n3         執行任何命令
total 1584
drwxr-xr-x  2 root     root       4096 Jun 16 06:14 ImageMagick-6/
drwxr-xr-x  7 root     root       4096 Mar 19  2020 NetworkManager/

$ echo "!!" | wc -w             統計前一個命令的字數
echo "ls -l /etc | head -n3" | wc -w
6
```

這個好玩的範例，示範了歷史擴充命令，比起執行命令有更多用途。在下一章節中將看到更常用、強大的技巧。在這裡只介紹命令歷史的一些特性。有關更詳細完整的資訊，請執行 `man history`。

歷史擴充命令的表示式不會出現在紀錄中

正如作者在第 42 頁的「關於命令歷史的常見問題」專欄中提到的那樣，shell 不會加以計算，並一五一十將命令附加到歷史記錄中。而有一條例外的規則，那就是歷史擴充命令。歷史擴充命令的表示式，總是在被加入到其中之前被計算出來：

```
$ ls                        執行任何命令
hello.txt
$ cd Music                  執行其他命令
$ !-2                       使用歷史擴充命令
ls
song.mp3
$ history                   檢視歷史命令
 1000  ls
 1001  cd Music
 1002  ls                   「ls」出現在歷史記錄中，而不是「!-2」
 1003  history
```

這個例外規則是合理的。假設想像一下，如果有一個歷史命令，其中充滿了引用其他歷史紀錄的表示式，例如 `!-15`、`!-92`。會導致我們可能需要追蹤整個歷史記錄的過程，才能瞭解這個單一命令其中真正的內容是什麼。

再也不會刪除錯誤的檔案（感謝歷史擴充命令）

讀者是否曾經使用 `*.txt` 等樣式來刪除檔案，但卻一個不小心輸錯樣式並刪除錯誤的檔案？以下是一個在星號之後含有空格字元的意外範例：

```
$ ls
123  a.txt   b.txt   c.txt  dont-delete-me  important-file  passwords
$ rm * .txt        危險！不要執行它！刪除錯誤的檔案！
```

解決這個問題的最常見解決方式是使用別名，用 `rm -i` 來替代執行 `rm`，以便在每次刪除之前做確認提示：

```
$ alias rm='rm -i'                    通常在 shell 配置設定檔案中可以找到
$ rm *.txt
/bin/rm: remove regular file 'a.txt'? y
/bin/rm: remove regular file 'b.txt'? y
/bin/rm: remove regular file 'c.txt'? y
```

因此，額外的空格字元不見得是有害的，因為 `rm -i` 會警示我們正在刪除錯誤的檔案：

```
$ rm * .txt
/bin/rm: remove regular file '123'?       這裡出了一些問題：kill 這個命令
```

但是透過別名的解決方式，會造成很大的困擾，因為大部分情況下我們可能不希望在執行 `rm` 出現提示。並且如果在沒有別名宣告的情況下，登入到另一台 Linux 機器，也無法解決這樣的問題。作者將提出另一種更好的方式，來避免錯誤的檔案名稱與樣式比對。這個技巧有兩個步驟，並且需要依賴歷史擴充命令：

1. 驗證（*Verify*）：在執行 `rm` 之前，使用需要的樣式執行 `ls`，用來以檢視比對出哪些檔案。

   ```
   $ ls *.txt
   a.txt   b.txt   c.txt
   ```

2. 刪除（*Delete*）：如果 `ls` 的輸出看起來正確，請執行 `rm !$`，用來刪除符合比對的檔案[2]。

   ```
   $ rm !$
   rm *.txt
   ```

2 作者假設在 ls 這個步驟之後，我們沒有在接下來的過程中，增加或刪除比對的檔案。倘若在快速修改目錄時，請不要依照這個技巧。

歷史擴充命令 `!$`（bang dollar）表示「我們在上一個命令中輸入的最後一個字」。因此，這裡的 `rm !$` 意指「刪除剛剛用 `ls` 列出的所有內容」的縮寫，亦即 `*.txt`。倘若我們不小心在星號後額外增加了空格，`ls` 的輸出將很明顯、安全的呈現問題所在：

```
$ ls * .txt
/bin/ls: cannot access '.txt': No such file or directory
123  a.txt   b.txt   c.txt  dont-delete-me  important-file  passwords
```

幸好我們先執行 `ls` 而不是 `rm`。現在可以修改命令來刪除多餘的空間，並且很安全地繼續運作下去。這兩個命令的組合（`ls` 之後跟著 `rm !$`）形成一個很安全的過程，可以併入到我們的 Linux 常用工具箱之中。

同樣一個類似技巧是在刪除檔案之前使用 head 檢視檔案內容，用以確保我們想要刪除的目標正確無誤，然後才執行 `rm !$`：

```
$ head myfile.txt
（顯示檔案的前 10 行）
$ rm !$
rm myfile.txt
```

shell 還提供另一個歷史擴充命令 `!*`（bang star），這樣會比對在上一個命令中輸入的所有參數，而不僅僅只是最後一個參數：

```
$ ls *.txt *.o *.log
a.txt   b.txt   c.txt   main.o   output.log   parser.o
$ rm !*
rm *.txt *.o *.log
```

在一般日常中，作者使用 `!*` 的頻率遠低於 `!$`。其中的星號，會被解釋為比對檔案名稱的樣式字元，所以（如果我們輸入錯誤）也是有相同的風險，因此並不比手動輸入像 `*.txt` 的樣式，來得更加安全。

命令歷史的漸進式搜尋

如果可以輸入命令的幾個字元，其餘的字元會立即出現、準備執行，這樣不是很好嗎？其實這是可以做得到的。shell 的這種快速特性稱為*漸進式搜尋*（*incremental search*），類似於網路搜尋引擎所提供的互動式建議。在大多數情況下，漸進式搜尋是從歷史記錄中啟動命令，這樣的技巧是最簡單、最快的，即使是我們很久以前執行過的命令。作者強烈建議將這功能增加到我們的工具箱中：

1. 在 shell 提示符號下，按 Ctrl-R（*R* 代表反向漸進式搜尋）。
2. 開始輸入上一個命令的*任何部分* —— 無論是開頭、中間或是結尾。

3. 其中輸入的每個字元，shell 都會顯示過往至今為止，與我們輸入的內容，所比對的最新歷史命令。

4. 當我們看到所需的命令時，按 Enter 鍵執行。

假設我們剛才輸入命令 `cd $HOME/Finances/Bank`，並且想要重新執行它。在 shell 提示符號下按 Ctrl-R。提示符號會改變成標註為漸進式搜尋的狀態：

```
(reverse-i-search)`':
```

開始輸入所需要的命令。例如，輸入 `c`：

```
(reverse-i-search)`': c
```

shell 會顯示其中包含字串 `c` 的最近命令，並且特別標示我們輸入的內容：

```
(reverse-i-search)`': less /etc/hosts
```

輸入下一個字母 `d`：

```
(reverse-i-search)`': cd
```

shell 會顯示其中包含字串 `cd` 的最近命令，並且再次特別標示輸入的內容：

```
(reverse-i-search)`': cd /usr/local
```

我們繼續輸入命令，加入一個空格及一個錢字符號：

```
(reverse-i-search)`': cd $
```

命令列會變為：

```
(reverse-i-search)`': cd $HOME/Finances/Bank
```

這就是我們想要的命令。按 Enter 鍵執行它，過程中只需要按五次按鍵即可完成。

在這裡假設 `cd $HOME/Finances/Bank` 是我們期望比對歷史記錄中最近的命令。如果不是這樣呢？輸入之後出現一大堆包含相同字串的命令該怎麼辦？這樣會使得漸進式搜尋顯示不同的比對結果，例如：

```
(reverse-i-search)`': cd $HOME/Music
```

現在如何處置？我們可以輸入更多字元，來接近我們想要的命令，但是請再次按 Ctrl-R。這樣會讓 shell 跳到歷史記錄中下一個比對相符的命令：

```
(reverse-i-search)`': cd $HOME/Linux/Books
```

繼續按下 Ctrl-R，持續找到所需要的命令：

```
(reverse-i-search)`': cd $HOME/Finances/Bank
```

然後按 Enter 執行它。

以下是更多漸進式搜尋的技巧：

- 要啟動搜尋、執行最近的命令字串，請連續按兩次 Ctrl-R。
- 要停止漸進式搜尋並繼續處理目前的命令，請按 Escape（ESC）鍵或 Ctrl-J，或用於編輯命令列的任何按鍵（下一章的主題），例如：左、右方向鍵。
- 要離開漸進式搜尋並清除命令列，請按 Ctrl-G 或 Ctrl-C。

花一些時間學習，成為漸進式搜尋進階使用者。很快地我們就會以令人難以置信的速度定位找到命令[3]。

命令列編輯

編輯命令有各式各樣的因素，無論是在輸入命令時還是在執行命令之後：

- 修正錯誤
- 逐步建立命令，例如：先輸入在行尾的命令，然後移至行首才開始輸入其他命令
- 根據歷史紀錄中的前一個命令，來建構後續相關的新命令（例如建立複雜管線，這是一項關鍵技術，我們將在第 8 章中會看到）

在本節中，將展示三種編輯命令的方法，來增加建構命令的技巧和速度：

以游標方式

　如同前面一樣，這是最慢且沒有強大功能的方法，但卻簡單易學

插入符號

　在歷史擴充命令中的一種形式

Emacs 或 *Vim* 風格的編輯方式

　編輯命令列最強大的方式

3 在撰寫本書時，作者時常需要重新執行版本控制命令，如 git add、git commit、git push。有了漸進式搜尋，使得重新執行這些命令變得輕而易舉。

作者還是建議大家學習以上這三種技巧以提高靈活性。

藉由命令列中移動的游標

只需按左、右方向鍵，即可在命令列上來回移動，一次一個字元。使用 Backspace、Delete 鍵，用來刪除文字，然後輸入我們需要的按鍵做更正。表 3-1，總整一些用於編輯命令列的標準按鍵。

來回移動游標雖然很容易，但效率不彰。僅適合小而簡單的修改。

表 3-1　用於簡單編輯命令列的游標按鍵

按鍵	動作
左方向鍵	向左移動一個字元
右方向鍵	向右移動一個字元
Ctrl + 左方向鍵	向左移動一個字
Ctrl + 右方向鍵	向右移動一個字
Home	移至命令列開頭
End	移至命令列尾端
Backspace	刪除游標前一個字元
Delete	刪除游標下一個字元

在歷史擴充命令中使用插入符號

假設我們輸入 jg 而非 jpg，並且執行了以下錯誤的命令：

```
$ md5sum *.jg | cut -c1-32 | sort | uniq -c | sort -nr
md5sum: '*.jg': No such file or directory
```

若要正確執行命令，可以從命令歷史記錄中重新呼叫它，再將游標移到錯誤之處做修正，但還有一種更快的方法可以實現我們的目標。只需要輸入舊的（錯誤）文字、新的（修正）文字和一對插入符（^），如下所示：

```
$ ^jg^jpg
```

按 Enter 將出現並執行正確的命令：

```
$ ^jg^jpg
md5sum *.jpg | cut -c1-32 | sort | uniq -c | sort -nr
⋮
```

插入符號語法（*caret syntax*）是一種歷史擴充命令，意思是「在之前的命令中，用 jpg 代替 jg」。請注意，shell 在執行之前會協助列印新的命令，這是歷史擴充命令的標準行為。

這樣的技巧，僅修改來源命令中第一次出現的字串（jg）。如果我們的原始命令多次包含 jg，則只有第一個出現的部分會被修改為 jpg。

> **歷史命令中更強大的替換功能**
>
> 使用者可能熟悉使用 sed、ed 命令，將來源字串修改為目標字串：
>
> ```
> s/source/target/
> ```
>
> shell 也支援類似的語法。使用歷史擴充的表示式，開頭是恢復先前命令標記，例如 !!。然後增加一個冒號，並緊接著以 sed 樣式替換做結束。例如，要啟動之前的命令並將 jg 替換為 jpg（僅替換第一次出現的部分），就如同插入符號一樣，請執行：
>
> ```
> $ !!:s/jg/jpg/
> ```
>
> 我們可以從任何喜歡的歷史命令開始，例如 !md5sum，它會啟動最近以 md5sum 為開頭的命令，並執行相同動作，將 jg 替換成 jpg：
>
> ```
> $ !md5sum:s/jg/jpg/
> ```
>
> 這種表示法可能看起來很複雜，但有時比其他命令列的編輯技巧，能更快實現我們的目標。可以執行 man history 來獲得更完整的細節。

Emacs 或 Vim 風格的命令列編輯方式

編輯命令列最好的方式是使用文字編輯器 Emacs 或 Vim，端看使用者所熟悉的按鍵方式。假設讀者已經熟悉使用某一種編輯器，則可立即開始使用這種命令列編輯方式。如果沒有，表 3-2，將協助讀者如何使用最常見的移動和編輯按鍵方式。請注意，Emacs「Meta」鍵（中繼鍵），通常是指 Escape（按下並鬆開）或 Alt（按下並按住）。

shell 預設是 Emacs 風格的編輯方式，也是作者所推薦，這是因為更容易學習和使用。如果喜歡 Vim 風格的編輯，請執行以下命令（或將其增加到 *$HOME/.bashrc* 檔案並載入）：

```
$ set -o vi
```

要使用 Vim 方式編輯命令，請按 Escape 鍵進入命令編輯模式，然後使用表 3-2 中，「Vim」欄位中的按鍵。要切換回 Emacs 風格的編輯，請執行：

```
$ set -o emacs
```

持續練習、練習再練習，直到熟悉按鍵（無論是 Emacs 或 Vim 的方式）成為直覺反應。相信讀者透過不斷練習，在短時間內能獲得節省時間的回報。

表 3-2　Emacs 或 Vim 風格的編輯按鍵 [a]

動作	Emacs	Vim
向前移動一個字元	Ctrl-f	l
向後移動一個字元	Ctrl-b	h
向前移動一個字	Meta-f	w
向後移動一個字	Meta-b	b
移動到行首	Ctrl-a	0
移動到行尾	Ctrl-e	$
轉置（交換）兩個字元	Ctrl-t	xp
轉置（交換）兩個單字	Meta-t	*n/a*
目前單字的第一個字母轉為大寫	Meta-c	w~（下一個單字的第一個字母轉為大寫）
目前單字轉換為大寫	Meta-u	*n/a*
目前單字轉換為小寫	Meta-l	*n/a*
改變目前字元的大小寫	*n/a*	~
依序插入下一個字元，包含控制字元	Ctrl-v	Ctrl-v
向前刪除一個字元	Ctrl-d	x
向後刪除一個字元	Backspace 或 Ctrl-h	X
向前剪下一個單字	Meta-d	dw
向後剪下一個單字	Meta-Backspace 或 Ctrl-w	db
從游標裁切到行首	Ctrl-u	d^
從游標裁切到行尾	Ctrl-k	D
刪除整行	Ctrl-e Ctrl-u	dd
貼上（複製）最近刪除的文字	Ctrl-y	p
貼上（複製）下一個刪除的文字（在上一個複製之後）	Meta-y	*n/a*

動作	Emacs	Vim
還原以前的編輯操作	Ctrl-_	u
還原到目前為止所做的所有編輯	Meta-r	U
從插入模式切換到命令模式	*n/a*	Escape
從命令模式切換到插入模式	*n/a*	i
中止正在進行的編輯操作	Ctrl-g	*n/a*
清除顯示	Ctrl-l	Ctrl-l

[a] 標記為 *n/a*，表示沒有簡單按鍵可使用，因此可能需要更多的按鍵操作順序來完成任務。

有關 Emacs 樣式編輯的更多詳細資訊，請參考 GNU 在 bash 操作手冊中的「Bindable Readline Commands」（*https://oreil.ly/rAQ9g*）部分。對於 Vim 風格的編輯資訊，請參考文件「Readline VI Editing Mode Cheat Sheet」（*https://oreil.ly/Zv0ba*）。

總結

練習本章中的技巧，將大幅度地加快命令列操作使用的速度。以上三種技巧都徹底改變作者使用 Linux 的方式，希望也帶給讀者有相同的功效：

- 為了安全起見，使用 !$ 刪除檔案。
- 使用 Ctrl-R 切換到漸進式搜尋。
- Emacs 風格的命令列編輯。

第四章

瀏覽檔案系統

在 1984 年的經典另類科幻喜劇電影《反暴戰士盟》（*The Adventures of Buckaroo Banzai Across the 8th Dimension*）中，虛張聲勢的主角，講出以下如禪宗般的智慧話語：「記住，無論你去哪裡……你都還是在這裡。」主角 Buckaroo 很可能一直在談論 Linux 檔案系統：

```
$ cd /usr/share/lib/etc/bin              無論切換到哪裡 ...
$ pwd
/usr/share/lib/etc/bin                   ... 還是在系統裡
```

相同的，無論我們在 Linux 檔案系統中的哪個位置（現在目錄），最終都會切換到其他地方（另一個目錄）。因此，如果我們執行瀏覽目錄的速度越快，會使得工作效率就越高。

本章中的技巧將幫助各位，以更少的輸入更快速切換瀏覽檔案系統。雖然它們看似簡單，但得到的回饋卻是相當龐大；少少的學習、大大的回報。這些內容大致分為兩大類：

- 快速移動到特定目錄
- 快速重返到我們之前瀏覽過的目錄

要快速回顧 Linux 目錄，請參考附錄 A。如果需要使用 bash 以外的 shell，請參考附錄 B，取得更多說明。

高效率瀏覽特定目錄

如果我們向十位 Linux 專業人士詢問，命令列中最繁瑣的工作項目是什麼，其中可能會有七個人會說「輸入冗長目錄的路徑」[1]。畢竟，如果我們的工作檔案在 */home/smith/Work/Projects/Apps/Neutron-Star/src/include*，但需要的財務檔案在 */home/smith/Finances/Bank/Checking/Statements*，而影片檔案在 */data/Arts/Video/Collection* 中，反覆重新輸入這些路徑做切換可不是好玩、有趣的事情。在本節中，我們將學習如何有效導覽到指定目錄的技巧。

跳回使用者的家目錄

讓我們從基礎開始。無論進入檔案系統中的哪個位置，都可以透過執行 cd 不帶參數，回到使用者的家目錄：

```
$ pwd
/etc                              從某個地方開始
$ cd                              不帶參數執行 cd...
$ pwd
/home/smith                       ...我們又回到家了
```

要從檔案系統中的任何位置，跳到使用者家目錄下的子目錄中，請使用縮寫而非絕對路徑（例如 */home/smith*），來參考使用者的家目錄。一種縮寫的形式是 shell 變數 HOME：

```
$ cd $HOME/Work
```

另一個是波浪符號：

```
$ cd ~/Work
```

$HOME 與 ~ 都是由 shell 擴充的表示式，我們透過顯示結果到標準輸出，來驗證這個事實：

```
$ echo $HOME ~
/home/smith /home/smith
```

如果我們將波浪符號直接放在使用者名稱之前，那麼也可以用來參考作為其他使用者的家目錄：

```
$ echo ~jones
/home/jones
```

1　這是作者隨意編造的例子，但這結果肯定是正確的。

使用 Tab 自動補齊功能加速移動

當我們輸入 cd 命令時，透過按 Tab 鍵自動產生目錄名稱來節省輸入的時間。為了示範，來瀏覽包含子目錄的目錄，例如 */usr*：

```
$ cd /usr
$ ls
bin  games  include  lib  local  sbin  share  src
```

假設我們要瀏覽子目錄為 *share*。輸入 sha 並按一次 Tab 鍵：

```
$ cd sha <Tab>
```

此時 shell 會替我們完成整個目錄名稱：

```
$ cd share/
```

這種快速簡便的方式稱為 *Tab 自動補齊*（*tab completion*）。當我們輸入的文字與單一目錄名稱比對相符時，會立即發生作用。而遇到需要比對多個目錄名稱時，我們的 shell 可能需要更多資訊來完成所需的名稱。假設只輸入了 s 並按下 Tab：

```
$ cd s <Tab>
```

此時的 shell （仍然）無法完成名稱 *share*，因為其他目錄名稱也以 s 作為開頭，如：*sbin* 和 *src*。再次按下 Tab 鍵，shell 會列印出所有可能的自動補齊文字來指引我們：

```
$ cd s <Tab><Tab>
sbin/  share/  src/
```

並等待下一步的操作。要解決這樣分歧的狀況，請輸入另一個字元 h，然後按一次 Tab 鍵：

```
$ cd sh <Tab>
```

通常，按一次 Tab 執行盡可能的補齊文字，或者按兩次來列印所有可能的文字。我們輸入的字元越多，分歧狀況越少，比對正確程度就越高。

Tab 自動補齊，非常適合加快導覽的速度。千萬不要輸入像 */home/smith/Projects/Web/src/include* 這樣的冗長路徑，而是盡可能減少輸入並按住 Tab 鍵。透過練習，很快就能掌握其中的訣竅。

Tab 自動補齊會因程式而有所不同

Tab 自動補齊不僅僅適用於 cd 命令。也適用於大多數命令，儘管其動作可能有所不同。當命令是 cd 時，按下 Tab 鍵完成目錄名稱。對於其他檔案進行操作的命令，例如 cat、grep、sort，Tab 自動補齊也會延伸檔案名稱。如果命令是 ssh（安全的 shell），會補齊主機名稱；如果命令是 chown（修改檔案的擁有者），則會補齊使用者名稱。我們甚至可以建立自己的自動補齊規則來提升速度，如範例 4-1 中看到的那樣。請參考 man bash，並閱讀其主題「可程式化的自動補齊」。

使用別名或變數跳到經常瀏覽的目錄

如果我們經常瀏覽一個很長的目錄，例如 */home/smith/Work/Projects/Web/src/include*，可以建立一個執行 cd 操作的別名：

```
# 在 shell 設定配置檔案中：
alias work="cd $HOME/Work/Projects/Web/src/include"
```

這時只需執行別名即可隨時到達目的地：

```
$ work
$ pwd
/home/smith/Work/Projects/Web/src/include
```

或者，建立一個變數來儲存目錄路徑：

```
$ work=$HOME/Work/Projects/Web/src/include
$ cd $work
$ pwd
/home/smith/Work/Projects/Web/src/include
$ ls $work/css                              以其他方式使用變數
main.css mobile.css
```

使用別名來修改經常編輯的檔案

有時，頻繁瀏覽目錄的原因是為了編輯特定檔案。如果是這種情況，請考慮定義一個別名，用來在不修改目錄的情況下，透過絕對路徑編輯該檔案。以下透過定義別名，無論我們在檔案系統中的哪個位置，都可以執行 rcedit 來編輯 *$HOME/.bashrc*。過程中完全不需要 cd 切換目錄：

```
# 放入 shell 設定配置檔案中並匯入：
alias rcedit='$EDITOR $HOME/.bashrc'
```

如果經常瀏覽許多路徑很長的目錄，可以替每個目錄建立別名或變數。但是這種方法有一些缺點：

- 很難記住所有的別名或變數。
- 也可能不小心建立一個與現有命令同樣名稱的別名，因而導致衝突。

另一種方法是建立一個類似於範例 4-1 中的 shell 函數，作者將其命名為 qcd（quick cd）。此函數接受字串作為參數，例如 work、recipes，並執行 cd 跳到選定的目錄路徑。

範例 *4-1* cd 跳到目錄很長的函數

```
# 定義 qcd 函數
qcd () {
  # 接受 1 個字串參數，並執行不同的「cd」切換操作
  case "$1" in
    work)
      cd $HOME/Work/Projects/Web/src/include
      ;;
    recipes)
      cd $HOME/Family/Cooking/Recipes
      ;;
    video)
      cd /data/Arts/Video/Collection
      ;;
    beatles)
      cd $HOME/Music/mp3/Artists/B/Beatles
      ;;
    *)
      # 無法支援所提供的參數項目時
      echo "qcd: unknown key '$1'"
      return 1
      ;;
  esac
  # 協助列印當下目錄的名稱，用來標記我們所在的位置
  pwd
}
# 設定 Tab 自動補齊
complete -W "work recipes video beatles" qcd
```

接著將函數儲存在 shell 設定配置檔案中，例如 *$HOME/.bashrc*（請參考第 35 頁的「環境和簡易的初始化設定檔」小節），匯入後就可以方便操作。輸入 qcd，然後輸入支援的項目之一，用來快速切換相關目錄：

```
$ qcd beatles
/home/smith/Music/mp3/Artists/B/Beatles
```

指令稿的最後一行，執行命令 complete，這是 shell 內建命令，用來為 qcd 設定自訂的 Tab 自動補齊，因此可支援四種可能的文字輸入。現在我們不必記住 qcd 的參數了！只需輸入 qcd 之後緊接著一個空格，然後連按兩次 Tab 鍵，shell 就會列印出所有的可能選擇文字提供我們參考，可以依照平常工作的方式選擇其中的一個：

```
$ qcd <Tab><Tab>
beatles  recipes  video   work
$ qcd v <Tab><Enter>                    將「v」補足文字成「video」
/data/Arts/Video/Collection
```

使用 CDPATH 讓檔案系統感知細微動作

qcd 函數只會處理我們指定的目錄。shell 提供一種沒有這個缺點的更通用 cd 的合適解決方案，稱為 *cd 搜尋路徑*。這個 shell 特性改變作者瀏覽 Linux 檔案系統的方式。

假設我們有一個經常瀏覽的重要子目錄 *Photos*。位於 */home/smith/Family/Memories/Photos*。當瀏覽檔案系統中的任何時候，我們想要進入 *Photos* 目錄，都需要輸入很長的路徑，例如：

```
$ cd ~/Family/Memories/Photos
```

如果可以將此路徑縮短為 *Photos*，無論我們在檔案系統中的哪個位置，都可到達該子目錄，這樣不是很好嗎？

```
$ cd Photos
```

通常，這樣的命令會失敗：

```
bash: cd: Photos: No such file or directory
```

除非碰巧位於正確的目錄中（*~/Family/Memories*）或恰好位於具有 *Photos* 子目錄的其他目錄中。所以，透過一些設定，我們可以通知 cd 在當下目錄以外的位置，搜尋我們需要的 *Photos* 子目錄。這種搜尋相當迅速，並且只在我們指定的父目錄中搜尋。例如，除了當下目錄之外，還可以指定 cd 搜尋 *$HOME/Family/Memories*。因此，當我們在檔案系統的其他位置輸入 cd Photos 時，將會成功切換：

```
$ pwd
/etc
$ cd Photos
/home/smith/Family/Memories/Photos
```

cd 搜尋路徑的工作方式與我們的命令搜尋路徑 $PATH 類似，但前者不是搜尋命令，而是搜尋子目錄。使用 shell 變數 CDPATH 設定格式與 PATH 相同：以冒號分隔的目錄列表。如果我們的 CDPATH 是由以下這四個目錄組成，例如：

```
$HOME:$HOME/Projects:$HOME/Family/Memories:/usr/local
```

之後輸入：

```
$ cd Photos
```

緊接著 cd 將依照以下的順序檢查目錄是否存在，直到找到一個或完全失敗：

1. 當下目錄中的 *Photos*
2. *$HOME/Photos*
3. *$HOME/Projects/Photos*
4. *$HOME/Family/Memories/Photos*
5. */usr/local/Photos*

在例子中，cd 嘗試到第四次才成功，並將目錄修改為 *$HOME/Family/Memories/Photos*。如果 $CDPATH 中的兩個目錄同樣有名稱是 *Photos* 的子目錄，則較早出現在列表中的父目錄優先。

通常 cd 成功後不會列印任何輸出。但是，當 cd 使用我們的 CDPATH 定位目錄時，會在標準輸出上列印絕對路徑，來告知使用者切換至新的目錄：

```
$ CDPATH=/usr      設定 CDPATH
$ cd /tmp          沒有結果輸出：沒有查詢 CDPATH
$ cd bin           cd 會查詢 CDPATH...
/usr/bin           ... 並列印新的工作目錄
```

將我們最重要、最常用的父目錄，填入 CDPATH 之中，如此就可以從檔案系統中的任何位置 cd 進入其下方的任何子目錄，無論目錄有多少階層，也無須輸入大部分路徑。相信作者，這真的很棒，接下來的案例研究應該證明這一點。

整理使用者家目錄實現快速瀏覽

讓我們使用 CDPATH 來簡化瀏覽目錄的方式。透過一些設定，無論我們在檔案系統中的哪個位置，都可以透過最少的輸入，輕鬆存取家目錄中的子目錄。如果使用者的家目錄有良好的組織，且至少包含兩個階層的子目錄，這樣應該會獲得不錯的效果。圖 4-1，顯示有良好組織的目錄結構範例。

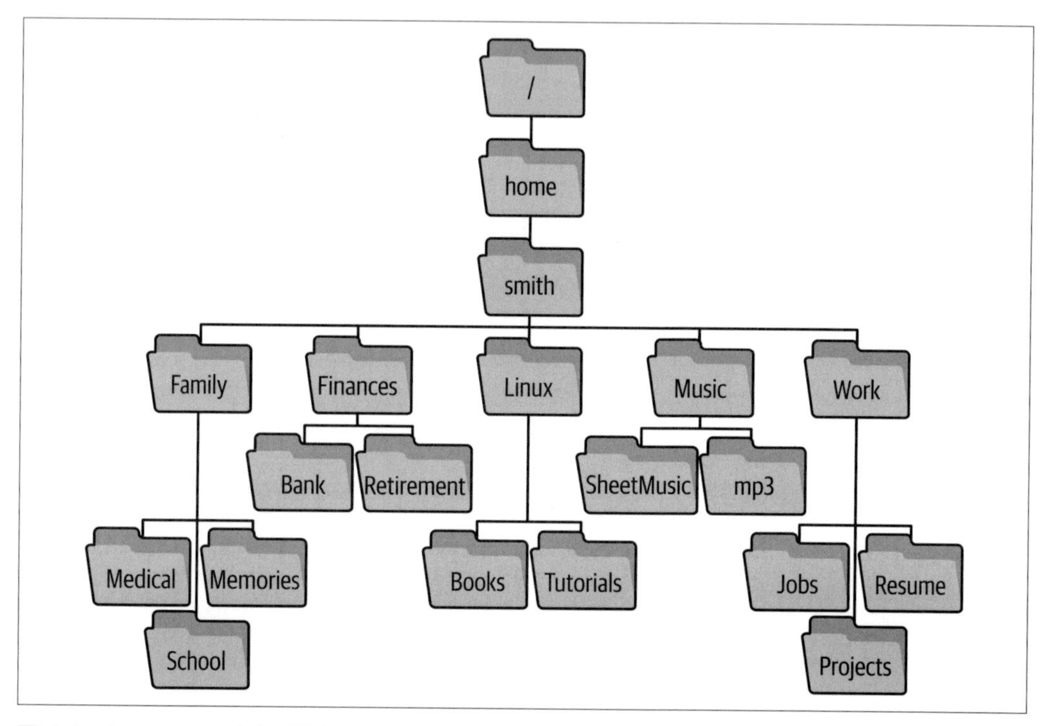

圖 4-1　/home/smith 含有兩階層子目錄的組織架構

其中設定 CDPATH 的訣竅是依照以下順序包含：

1. $HOME
2. 我們所選擇在 $HOME 下的子目錄
3. 父目錄的相對路徑，以兩個點（..）表示

透過 $HOME，我們可以立即切換到這個階層的任何子目錄（*Family*、*Finances*、*Linux*、*Music*、*Work*），即使一開始是從檔案系統中的任何一個地方，也無須輸入完整路徑：

```
$ pwd
/etc                                  從我們的家目錄開始
$ cd Work
/home/smith/Work
$ cd Family/School                    我們在 $HOME 切換至下一個階層
/home/smith/Family/School
```

透過在 CDPATH 中包含 $HOME 的子目錄，可以一次切換到 *their* 子目錄：

```
$ pwd
/etc                                  家目錄以外的任何其他地方
$ cd School
/home/smith/Family/School             我們在 $HOME 切換至下兩個階層
```

到目前為止，CDPATH 中的所有目錄，都是以 $HOME 及其子目錄中的絕對路徑來表示。若相對路徑，則使用 ..。然而，我們現在可以使用新的 cd 動作，切換到**每個**目錄中。無論在檔案系統中的什麼位置，都可以透過名稱切換到任何**相鄰**目錄中（*../* **相鄰目錄**），而無須額外再輸入兩個點，因為 cd 會搜尋目前的上一層目錄。倘若現在位於 */usr/bin* 中，想移動到 */usr/lib*，只需要 cd lib：

```
$ pwd
/usr/bin                              我們的當下目錄
$ ls ..
bin   include   lib   src             同階層相鄰的目錄
$ cd lib
/usr/lib                              跳到相鄰的目錄中
```

或者，如果使用者是一名程式設計師，正在處理具有子目錄 *src*、*include*、*docs* 的程式碼：

```
$ pwd
/usr/src/myproject
$ ls
docs   include   src
```

可以簡單的在子目錄之間相互切換：

```
$ cd docs                             切換當下目錄
$ cd include
/usr/src/myproject/include            跳到鄰近目錄中
$ cd src
/usr/src/myproject/src                再一次
```

圖 4-1 中，以這樣的樹狀結構來說，CDPATH 可能包含六個項目：使用者的家目錄、家目錄下的四個子目錄、以及父目錄的相對路徑：

```
# 放入 shell 設定配置檔案中並匯入：
export CDPATH=$HOME:$HOME/Work:$HOME/Family:$HOME/Linux:$HOME/Music:..
```

再匯入配置設定檔案後，就可以大量操作 cd 切換到重要目錄，只需輸入簡短的目錄名稱，就可以切換到較長路徑的目錄之中。

倘若 CDPATH 目錄下的所有子目錄，都具有唯一名稱，則此技巧可以發揮最大的效果。如果有重複的名稱，例如 *$HOME/Music* 和 *$HOME/Linux/Music*，可能無法符合我們預期需要的行為。命令 cd Music，因為 *$HOME* 在 *$HOME/Linux* 之前始終先做檢查，所以無法搜尋到 *$HOME/Linux/Music*。

要檢查 $HOME 的前兩階層中的重複子目錄名稱，請大膽嘗試以下的單行程式碼。命令會列出 $HOME 的所有子目錄和第二階層子目錄，接著使用 cut 分隔子目錄名稱，並對列表進行排序，再加上 uniq 計算出現次數：

```
$ cd
$ (ls -d */ && ls -d */*/ | cut -d/ -f2-) | sort | uniq -c | sort -nr | less
```

如果你還有印象，我們在第 17 頁的「檢測重複檔案」小節中，曾提到這種重複檢查的技巧。如果輸出顯示任何大於 1 的數字結果，則表示有重複項目。不過這個命令中仍包含一些尚未介紹的功能。我們將在第 120 頁的「技巧 #1：條件項目」小節和第 142 頁的「技巧 #10：明確的 subshell」小節中再次說明。

有效率地回到目錄

剛剛我們看到如何快速切換瀏覽目錄。現在將說明如何在需要時快速重返瀏覽過的目錄。

使用「cd -」在兩個目錄之間切換

假設我們在一個階層很深的目錄中工作，緊接著執行 cd 切換到別的地方：

```
$ pwd
/home/smith/Finances/Bank/Checking/Statements
$ cd /etc
```

然後才發現「錯了！等等，我想回到剛才所在的 *Statements* 目錄」。此時，請不要重新輸入冗長的目錄路徑，只需用連字符號，作為 cd 的參數來執行：

```
$ cd -
/home/smith/Finances/Bank/Checking/Statements
```

此命令將我們的 shell 回復到先前的目錄，並列印出絕對路徑，讓我們知道目前位在哪裡。

如果要在兩個目錄之間來回切換，請重複執行 cd -。當我們在單一的 shell 中，操作兩個密集工作的目錄時，這樣可以節省時間。但是仍需要留意一個問題：shell 一次只記住一個先前的目錄。例如，在 */usr/local/bin* 與 */etc* 之間切換：

```
$ pwd
/usr/local/bin
$ cd /etc                    shell 會記住 /usr/local/bin
$ cd -                       shell 會記住 /etc
/usr/local/bin
$ cd -                       shell 會記住 /usr/local/bin
/etc
```

然後我們執行不帶參數的 cd，切換到使用者的家目錄：

```
$ cd                         shell 會記住 /etc
```

現在 shell 忘記先前的 */usr/local/bin* 目錄：

```
$ cd -                       shell 會記住使用者的家目錄
/etc
$ cd -                       shell 會記住 /etc
/home/smith
```

下一個技巧將克服這個限制。

使用 pushd 和 popd 在多個目錄之間切換

cd - 命令在兩個目錄之間切換，但是如果我們要追蹤三個以上的目錄該怎麼辦？假設需要在 Linux 電腦上建立一個網站。這個任務通常涉及四個或更多的目錄：

- 部署現有網頁的位置，例如：*/var/www/html*
- Web 伺服器配置設定目錄，通常是位於 */etc/apache2*
- SSL 證書的位置，通常是 */etc/ssl/certs*
- 我們的工作目錄，例如：*~/Work/Projects/Web/src*

坦白的說，一直打字是很乏味的事情：

```
$ cd ~/Work/Projects/Web/src
$ cd /var/www/html
$ cd /etc/apache2
$ cd ~/Work/Projects/Web/src
$ cd /etc/ssl/certs
```

如果我們有一個很大的視窗用來顯示，那麼為了減輕負擔，可以替每個目錄打開一個單獨的 shell 視窗。但是，如果我們僅能在單一 shell 中工作（例如，透過 SSH 連線），請多利用**目錄堆疊**（*directory stack*）的 shell 功能。這使用內建的 shell 命令 pushd、popd、dirs，讓使用者輕鬆地在多個目錄之間快速移動。學習的時間大概只需耗費 15 分鐘，但工作速度的提升卻可持續一輩子[2]。

目錄堆疊是指我們在 shell 中瀏覽過，並決定用來追蹤的目錄列表。使用者可以執行**推入**（*pushing*）和**彈出**（*popping*）這兩個命令來操縱堆疊。推入目錄的動作，會將其增加到列表最開始的位置，傳統上稱為堆疊的**頂部**（*top*）。彈出的動作，會從堆疊中刪除最頂部的目錄[3]。一開始，堆疊中僅僅只有我們當下的目錄，但可以透過增加（推入）和刪除（彈出）目錄在其中，來快速執行如同 cd 一般的切換動作。

每個執行的 shell 都維護著自己的目錄堆疊。

我將從基本操作（推入、彈出、檢視）開始。

將目錄推入堆疊

命令 pushd（「推入目錄」的縮寫）執行以下操作：

1. 將指定的目錄增加到堆疊頂部
2. 對該目錄執行 cd
3. 依序由上至下，列印堆疊中的資訊提供我們參考

2 另一種方法是使用 screen 和 tmux 等命令列程式，打開多個虛擬顯示視窗，這些程式稱為終端機多工器（*terminal multiplexer*）。這些工具比起目錄堆疊更容易學習，不要錯過了。

3 如果讀者瞭解電腦科學中堆疊原理，那麼目錄堆疊就是類似的概念，而內容就是目錄名稱。

作者將建構一個包含四個目錄的堆疊，並一口氣將它們都推入堆疊中：

```
$ pwd
/home/smith/Work/Projects/Web/src
$ pushd /var/www/html
/var/www/html ~/Work/Projects/Web/src
$ pushd /etc/apache2
/etc/apache2 /var/www/html ~/Work/Projects/Web/src
$ pushd /etc/ssl/certs
/etc/ssl/certs /etc/apache2 /var/www/html ~/Work/Projects/Web/src
$ pwd
/etc/ssl/certs
```

shell 在每次執行 pushd 操作後都會列印堆疊。目前所在的目錄是最上層目錄。

檢視目錄堆疊

使用 dirs 命令列印 shell 的目錄堆疊。這個命令不會修改堆疊內容：

```
$ dirs
/etc/ssl/certs /etc/apache2 /var/www/html ~/Work/Projects/Web/src
```

如果我們喜歡由上至下列印堆疊，請使用 -p 選項：

```
$ dirs -p
/etc/ssl/certs
/etc/apache2
/var/www/html
~/Work/Projects/Web/src
```

甚至將輸出透過管線，再由命令 nl 接收，將內容從零開始對每一行進行編號：

```
$ dirs -p | nl -v0
     0  /etc/ssl/certs
     1  /etc/apache2
     2  /var/www/html
     3  ~/Work/Projects/Web/src
```

更簡單的是，執行 dirs -v 來列印帶有添加行號的堆疊內容：

```
$ dirs -v
 0  /etc/ssl/certs
 1  /etc/apache2
 2  /var/www/html
 3  ~/Work/Projects/Web/src
```

如果我們更喜歡這種由上而下的格式，請考慮製作別名，將原本的命令作替換：

```
# 放入 shell 設定配置設定檔案並匯入：
alias dirs='dirs -v'
```

從堆疊中彈出一個目錄

popd 命令（表示「pop 目錄」），恰好與 pushd 相反。它執行以下所有操作：

1. 從堆疊頂部刪除一個目錄
2. 執行 cd，切換至剛剛被刪除的目錄
3. 由上至下列印堆疊資訊，提供我們參考

例如，堆疊有四個目錄：

```
$ dirs
/etc/ssl/certs /etc/apache2 /var/www/html ~/Work/Projects/Web/src
```

然後持續重複執行 popd，將從上到下依序切換到這些目錄中：

```
$ popd
/etc/apache2 /var/www/html ~/Work/Projects/Web/src
$ popd
/var/www/html ~/Work/Projects/Web/src
$ popd
~/Work/Projects/Web/src
$ popd
bash: popd: directory stack empty
$ pwd
~/Work/Projects/Web/src
```

使用 pushd、popd 命令，可以節省非常多的時間，作者建議建立以下兩個字元的別名，可以像 cd 一樣快速且方便的輸入：

```
# 放入 shell 設定配置設定檔案並匯入：
alias gd=pushd
alias pd=popd
```

在目錄堆疊中進行切換

現在使用者可以建構、清空堆疊中目錄，讓我們來看看實際案例。若 pushd 不帶參數，則將堆疊中的最前面兩個目錄予以交換，並切換到位於最上方的目錄。接下來透過簡單地執行 pushd，在 */etc/apache2* 和我們的工作目錄之間來回切換幾次。檢視第三個目錄 */var/www/html*，瞭解如何保留在堆疊中，以及前兩個目錄的交換狀況：

```
$ dirs
/etc/apache2 ~/Work/Projects/Web/src /var/www/html
$ pushd
~/Work/Projects/Web/src /etc/apache2 /var/www/html
$ pushd
/etc/apache2 ~/Work/Projects/Web/src /var/www/html
$ pushd
~/Work/Projects/Web/src /etc/apache2 /var/www/html
```

請注意，pushd 的行為類似於 cd - 命令，在兩個目錄之間做切換，但卻沒有記住目錄的限制。

將錯誤的 cd 變成 pushd

假設我們使用 pushd 在數個目錄之間做切換，但不小心執行了 cd 而遺失了某個目錄：

```
$ dirs
~/Work/Projects/Web/src /var/www/html /etc/apache2
$ cd /etc/ssl/certs
$ dirs
/etc/ssl/certs /var/www/html /etc/apache2
```

糟糕！過程中意外執行 cd 命令，將堆疊中的 *~/Work/Projects/Web/src* 替換為 */etc/ssl/certs*。不過別擔心。只需執行 pushd 兩次，一次帶有連字符號參數，一次沒有；我們就可以將消失的目錄添加回堆疊之中，而無重新輸入其路徑：

```
$ pushd -
~/Work/Projects/Web/src /etc/ssl/certs /var/www/html /etc/apache2
$ pushd
/etc/ssl/certs ~/Work/Projects/Web/src /var/www/html /etc/apache2
```

讓我們來分析一下其中的過程：

- 第一個 pushd 回傳我們在 shell 中先前的目錄 *~/Work/Projects/Web/src*，並將其推入堆疊。pushd 和 cd 一樣，接受連字符號作為參數，表示「回傳我們之前的目錄」。
- 第二個 pushd 命令交換前兩個目錄，將我們切換回到 */etc/ssl/certs*。最後的結果，我們已將 *~/Work/Projects/Web/src* 重新回復到堆疊中的第二個位置；如果沒有錯誤，這本應該是它出現的位置。

這個「糟糕，忘記 pushd」命令非常有用，值得將其建立一個別名。作者稱它為 slurp，因為在我看來，它會「哭鬧吵著要回去」因為錯誤而消失的目錄：

```
# 放入 shell 設定配置檔案中並匯入：
alias slurp='pushd - && pushd'
```

更深入瞭解堆疊

如果我們想在堆疊中，除了最前面兩個以外的目錄之間進行 cd 該怎麼辦？ pushd、popd 接受正整數或負整數的參數，用來進一步控制堆疊。命令：

```
$ pushd +N
```

將 *N* 個目錄從堆疊頂部移動到堆疊底部，然後執行 cd 切換到新的最上層目錄。若參數加入減號（*-N*），會方向相反，將目錄從底部移到最上方，猶如之前執行 cd[4]。

```
$ dirs
/etc/ssl/certs ~/Work/Projects/Web/src /var/www/html /etc/apache2
$ pushd +1
~/Work/Projects/Web/src /var/www/html /etc/apache2 /etc/ssl/certs
$ pushd +2
/etc/apache2 /etc/ssl/certs ~/Work/Projects/Web/src /var/www/html
```

透過這種方式，我們可以使用簡單的命令切換到堆疊中的任何其他目錄。但是，如果我們的堆疊項目很多，可能很難透過肉眼來判斷目錄所在位置的編號。因此，使用 dirs -v 列印每個目錄位置的編號，就如同在第 67 頁的「檢視目錄堆疊」小節中所做的那樣：

```
$ dirs -v
 0  /etc/apache2
 1  /etc/ssl/certs
 2  ~/Work/Projects/Web/src
 3  /var/www/html
```

要將 */var/www/html* 移動到堆疊的最上方（並成為當下目錄），請執行 pushd +3。要切換到堆疊底部的目錄，請執行 pushd -0（連字符號、零）：

```
$ dirs
/etc/apache2 /etc/ssl/certs ~/Work/Projects/Web/src /var/www/html
$ pushd -0
/var/www/html /etc/apache2 /etc/ssl/certs ~/Work/Projects/Web/src
```

4 程式設計人員可能會將這些行為視作旋轉堆疊。

我們還可以使用，帶數字參數的 popd，從堆疊中刪除最上層目錄之外的目錄。命令：

```
$ popd +N
```

從堆疊中刪除位置 *N* 的目錄，從頂部往下數第幾個。相反，負號參數（-*N*），則從堆疊底部往上數第幾個。數字索引從零開始，因此 popd +1 從最上方開始刪除第二個目錄：

```
$ dirs
/var/www/html /etc/apache2 /etc/ssl/certs ~/Work/Projects/Web/src
$ popd +1
/var/www/html /etc/ssl/certs ~/Work/Projects/Web/src
$ popd +2
/var/www/html /etc/ssl/certs
```

總結

本章中的所有技巧都可以透過一些練習輕鬆掌握，並且可以節省我們大量切換和打字的時間。以下是作者從本章內容中，特別整理出能改變平常工作的技巧：

- 用於快速瀏覽的 CDPATH
- pushd、popd 用於快速來回切換目錄
- 偶爾才使用的 cd - 命令

第二部分

下一階段的技能

現在我們已經理解命令、管線、shell 和瀏覽目錄的基本知識，是時候進入下一階段。在接下來的五個章節中，作者將介紹大量新的 Linux 程式和一些重要的 shell 概念。我們將應用它們來建構複雜的命令，並處理 Linux 電腦上的實際情況。

第五章

擴充我們的工具箱

Linux 系統中含有數以千計的命令列程式。有經驗的使用者，通常他們的工具箱往往會蒐集許多先前經過一次又一次來回操作過的小命令。在第 1 章，我們的工具箱增加六個非常有用的命令，現在作者將再加入數十個。本章將簡單扼要描述每個命令，並展示一些範例用法。（要檢視所有可用的選項，請查詢命令手冊。）還將介紹兩個功能強大的命令 awk、sed，它們更難學習但值得付出努力。概要來說，本章中的命令會常用於以下四種常見的實際需求，並結合管線與其他複雜命令：

產生文字

　列印日期、時間、有順序的數字與字母、檔案路徑、重複字串和其他文字，用來快速啟動我們的管線。

隔離文字

　使用 grep、cut、head、tail、awk 等命令組合，用來取出文字檔案中的任何部分。

合併文字

　使用 cat、tac 從上到下組合檔案，或者使用 echo、paste 來並排組合檔案。我們還可以使用 paste、diff 交錯檔案。

轉換文字

　使用簡單的命令（如 tr、rev）或更強大的命令（如 awk、sed），將文字轉換為其他文字。

本章僅快速介紹一下。後面將說明這些命令的實際應用。

產生文字

每個管線的開始都啟始於某個簡單命令的結果，列印到標準輸出之中。有時是透過 grep、cut 之類的命令，從檔案中選取特定數據資料：

```
$ cut -d: -f1 /etc/passwd | sort        列印所有使用者名稱並排序
```

甚至有時會用 cat 將多個檔案的全部內容傳遞給其他命令：

```
$ cat *.txt | wc -l                     計算出總行數
```

然而大部分時候，管線中的初始文字可能是來自其他來源。例如我們已經知道 ls 命令，列印檔案、目錄名稱以及相關資訊。接下來讓我們看一些產生文字命令的技巧：

date

　以各種格式列印日期和時間

seq

　列印一組有順序性的數字

大括號擴展（*Brace expansion*）

　shell 的功能，用來列印一些數字或字元

find

　列印檔案路徑

yes

　重複列印同一行

日期命令

date 命令以各種格式列印目前日期或時間：

```
$ date                                  預設格式
Mon Jun 28 16:57:33 EDT 2021
$ date +%Y-%m-%d                        年 - 月 - 日格式
2021-06-28
$ date +%H:%M:%S                        時：分：秒格式
16:57:33
```

控制輸出格式，請以加號（+）作為開頭，其後緊接著任意格式文字的參數。格式文字以百分號（%）開頭的特殊表示式，例如 %Y 表示目前的四位數年份，%H 以 24 小時時制表示目前時間。還有更多關於 date 的完整表示式請參考 manpage。

```
$ date +"I cannot believe it's already %A!"        目前是星期幾？
I cannot believe it's already Tuesday!
```

seq 命令

seq 命令可列印一組有範圍、有順序性的數字。seq 提供兩個參數，範圍的起始、結束數值，列印整個範圍：

```
$ seq 1 5                列印從 1 到 5（包括在內）的所有整數
1
2
3
4
5
```

如果我們提供第三個參數，會變成第一個和第三個來定義範圍，中間的數字是遞增量：

```
$ seq 1 2 10             每次增加 2
1
3
5
7
9
```

增量數值使用負數（例如 -1）可用來產生遞減的結果：

```
$ seq 3 -1 0
3
2
1
0
```

也可產生浮點數的小數遞增數值：

```
$ seq 1.1 0.1 2                   每次增加 0.1
1.1
1.2
1.3
⋮
2.0
```

在預設情況下，每個數值都由換行符號分隔，但我們可以透過 -s 選項，來修改分隔符號：

```
$ seq -s/ 1 5                用斜線分隔數值
1/2/3/4/5
```

以字元為單位來說，選項 -w 可根據需要附加前導字元 0，使所有數值具有相同的寬度：

```
$ seq -w 8 10
08
09
10
```

seq 可以產生許多其他格式的數字（請參考 manpage），以上範例已列出最常見的用途。

大括號擴展（shell 的特點）

shell 擁有它自己的方式來列印數字序列，稱為**大括號擴展**（*brace expansion*）。以左大括號開始、兩個點分隔的整數、右大括號做結束：

```
$ echo {1..10}                從 1 開始
1 2 3 4 5 6 7 8 9 10
$ echo {10..1}                從 10 遞減
10 9 8 7 6 5 4 3 2 1
$ echo {01..10}               附加前導字元 0（等寬）
01 02 03 04 05 06 07 08 09 10
```

更一般而言，以 shell 表示式為 {*x*..*y*..*z*}，來產生 *x* 到 *y* 的數值，每次遞增 *z*：

```
$ echo {1..1000..100}                        從 1 開始數間格 100
1 101 201 301 401 501 601 701 801 901
$ echo {1000..1..100}                        從 1000 遞減
1000 900 800 700 600 500 400 300 200 100
$ echo {01..1000..100}                       附加前導字元 0
0001 0101 0201 0301 0401 0501 0601 0701 0801 0901
```

大括號與中括號

中括號是檔案名稱（第 2 章）樣式比對的運算符號。而大括號擴展並不會依賴任何檔案名稱。它只是計算一個字串列表。我們可以使用大括號擴展來列印檔案名稱，但不會發生檔案樣式比對的行為：

```
$ ls
file1 file2 file4
$ ls file[2-4]          比對現有檔案名稱
file2 file4
$ ls file{2..4}         計算出：file2 file3 file4
ls: cannot access 'file3': No such file or directory
file2  file4
```

大括號擴展也可以產生字母序列，而 seq 則不能：

```
$ echo {A..Z}
A B C D E F G H I J K L M N O P Q R S T U V W X Y Z
```

大括號擴展始終以空格字元作為分隔符號，並在單一行中產生輸出結果。可將輸出透過管線，傳輸到其他命令來修改這樣的設定，例如 tr（請參考第 93 頁的「tr 命令」小節）：

```
$ echo {A..Z} | tr -d ' '        刪除空格
ABCDEFGHIJKLMNOPQRSTUVWXYZ
$ echo {A..Z} | tr ' ' '\n'      將空格換行
A
B
C
⋮
Z
```

建立一個別名，其功能為列印英文字母中第 *n* 個字母：

```
$ alias nth="echo {A..Z} | tr -d ' ' | cut -c"
$ nth 10
J
```

find 命令

find 命令會遞迴列出目錄及其子目錄中的檔案，並列印完整路徑[1]。結果並非按照字母順序排列（如果需要，可透過管線輸出進行排序）：

1 ls -R 的相關命令，不太適合用於管線的格式輸出。

```
$ find /etc -print                遞迴列出所有在 /etc 目錄下的結果
/etc
/etc/issue.net
/etc/nanorc
/etc/apache2
/etc/apache2/sites-available
/etc/apache2/sites-available/default.conf
⋮
```

find 有許多可以操作的組合選項。這裡會討論一些非常有用的選項。首先使用選項 -type，將輸出限制為檔案或目錄：

```
$ find . -type f -print           僅列印檔案
$ find . -type d -print           僅列印目錄
```

使用選項 -name，將輸出限制必須符合樣式比對的檔案名稱。透過引號或轉義樣式，這樣 shell 就不會開始計算它：

```
$ find /etc -type f -name "*.conf" -print          以 .conf 結尾的檔案
/etc/logrotate.conf
/etc/systemd/logind.conf
/etc/systemd/timesyncd.conf
⋮
```

使用選項 -iname 讓名稱比對不區分大小寫：

```
$ find . -iname "*.txt" -print
```

find 還可以使用 -exec，替輸出中的**每個檔案路徑**執行 Linux 命令。雖然語法看起來有點奇怪：

1. 建構一個搜尋命令，並省略 -print。
2. 加入 -exec 之後緊接著要執行的命令。使用表示式 {}，用以表示檔案路徑應該出現在命令中的位置。
3. 用引號或轉義的分號做結束，例如 ";" 或 \;。

以下是在檔案路徑的前後兩側，列印 @ 符號的簡單範例：

```
$ find /etc -exec echo @ {} @ ";"
@ /etc @
@ /etc/issue.net @
@ /etc/nanorc @
⋮
```

一個更實際的例子，對 */etc* 及其子目錄中所有的 *.conf* 檔案，執行詳細列表（`ls -l`）：

```
$ find /etc -type f -name "*.conf" -exec ls -l {} ";"
-rw-r--r-- 1 root root 703  Aug 21  2017 /etc/logrotate.conf
-rw-r--r-- 1 root root 1022 Apr 20  2018 /etc/systemd/logind.conf
-rw-r--r-- 1 root root 604  Apr 20  2018 /etc/systemd/timesyncd.conf
⋮
```

`find -exec` 適合用於在整個多層目錄結構中，大量刪除檔案（但要很小心！）。讓我們刪除在目錄 *$HOME/tmp* 及其子目錄中，名稱以波浪符號（~）為結尾的檔案。為了安全起見，先執行命令 `echo rm` 檢視有哪些檔案將被刪除，然後執行所列印出來的結果，完成真正的刪除：

```
$ find $HOME/tmp -type f -name "*~" -exec echo rm {} ";"        為了安全起見
rm /home/smith/tmp/file1~
rm /home/smith/tmp/junk/file2~
rm /home/smith/tmp/vm/vm-8.2.0b/lisp/vm-cus-load.el~
$ find $HOME/tmp -type f -name "*~" -exec rm {} ";"             真正刪除
```

yes 命令

yes 命令是一遍又一遍列印相同的字串直到終止：

```
$ yes           預設重複「y」
y
y
y ^C            用 Ctrl-C 終止命令
$ yes woof!     重複其他任何字串
woof!
woof!
woof! ^C
```

這種奇怪的行為到底有什麼功用？ yes 可以替互動狀態行為的程式提供輸入，這樣它們就可以在無人控制的情況下執行。例如，檢查 Linux 檔案系統錯誤的程式 fsck，可能會提示詢問使用者是否要繼續或等待，以 y 或 n 來做回應。yes 命令的輸出傳輸到 fsck 時，代表我們回應每個提示詢問，因此使用者可以離開並讓 fsck 自動執行完成[2]。

另一個 yes 的主要用途，就是將其輸出傳遞給 head，來列印特定次數的字串（我們將在第 160 頁的「產生測試檔案」小節中，看到實際的例子）：

```
$ yes "Efficient Linux" | head -n3          列印一個字串 3 次
Efficient Linux
Efficient Linux
Efficient Linux
```

隔離文字

當我們只需要檔案的一部分時，最簡單的方式是組合、執行 grep、cut、head、tail 等命令。先前已經在第 1 章中，看過前三個命令使用的例子：grep 是列印與字串比對的內容、cut 是列印檔案中的欄位、head 是列印檔案前幾行的內容。新的命令 tail 與 head 功能相似但方向相反，列印檔案最後幾行的內容。圖 5-1，描述了這四個命令一起運作的概況。

在本章節中，我們將更深入研究 grep，相較於比對普通字串要做的更多，並且更明確地闡述 tail。此外還稍微提及 awk 命令的一個功能，用於 cut 所無法提取的欄位方式。這五個命令使用單一管線加以組合，幾乎可以分隔所有的文字。

2 目前某些版本的 fsck 具有選項 -y、-n，分別針對每個提示回應「是」或「否」，因此在這樣的狀況下不需要 yes 命令。

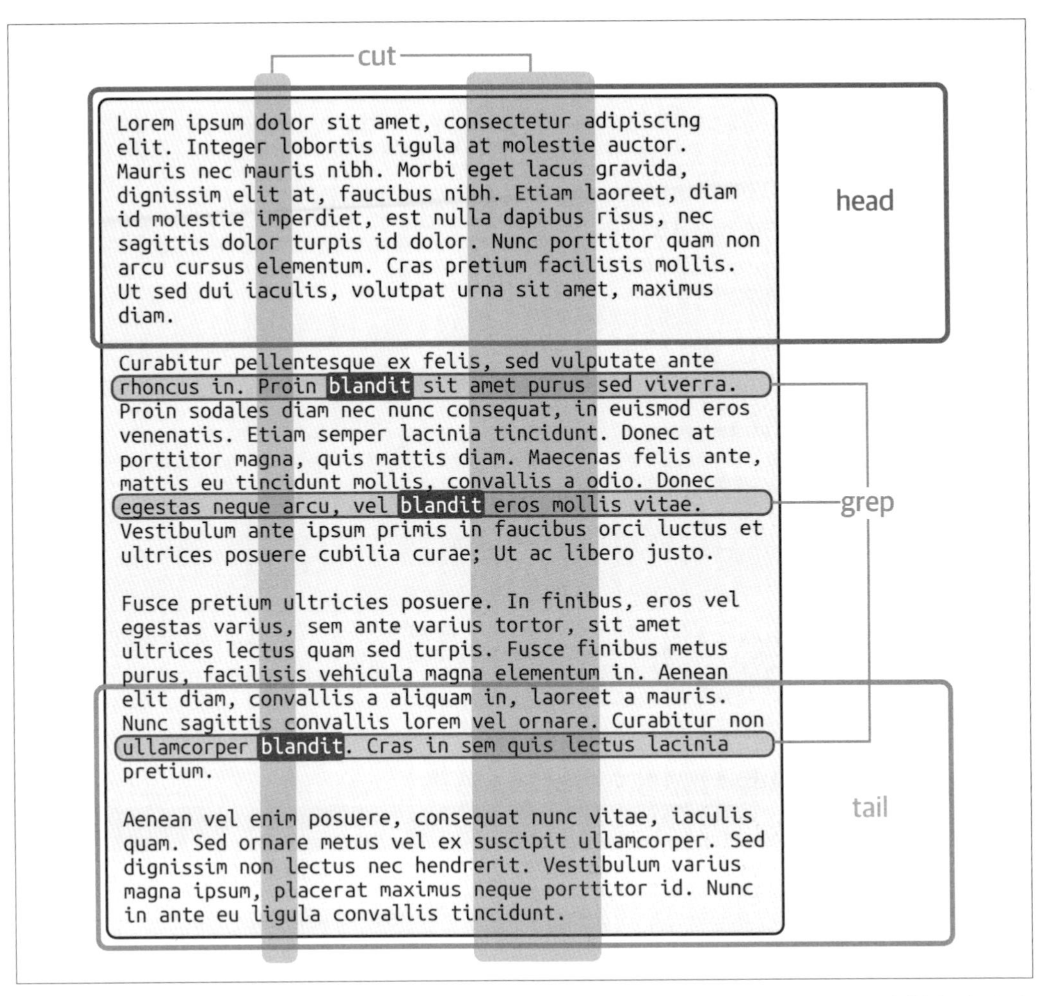

圖 5-1　head、grep、tail 擷取行的內容，cut 擷取欄的內容。在此範例中，grep 比對包含字串「blandit」的行

grep 深入探討

我們已經看到 grep 列印檔案中符合指定字串比對的行內容：

```
$ cat frost
Whose woods these are I think I know.
His house is in the village though;
He will not see me stopping here
To watch his woods fill up with snow.
This is not the end of the poem.
```

```
$ grep his frost                              列印包含「his」的行
To watch his woods fill up with snow.
This is not the end of the poem.              「This」符合比對要件「his」
```

grep 也有一些非常有用的選項。使用 -w 選項會比對整個單字：

```
$ grep -w his frost                           準確比對單字「his」
To watch his woods fill up with snow.
```

使用 -i 選項忽略字母的大小寫：

```
$ grep -i his frost
His house is in the village though;           符合比對「His」
To watch his woods fill up with snow.         符合比對「his」
This is not the end of the poem.              「This」符合比對要件「his」
```

使用 -l 選項，會列印檔案內容中包含符合比對字串的檔案名稱：

```
$ grep -l his *                 哪些檔案包含字串「his」?
frost
```

當我們從比對簡單字串進階到比對樣式，亦稱為**正規表示式**（*regular expressions*），此時 grep 的真正威力才真正被顯現出來[3]。在表 5-1 中，部分說明正規表示式的語法與檔案名稱樣式不同之處。

表 5-1　grep、awk、sed 共同相通的一些正規表示式語法[a]

比對的項目	使用的語法	範例
出現在行首	^	^a= 以 a 開頭的行
出現在行尾	$	!$= 以驚嘆號結尾的行
任何單一字元（換行符號除外）	.	...= 連續三個任意字元
文字插入符號、錢字符號或任何其他特殊字元 *c*	*c*	\$= 錢字符號
E 出現零次或多次的表示式	*E**	_*= 零個或多個底線符號
在集合中的任何單一字元	[字元]	[aeiouAEIOU]= 任何母音字元
不在集合中的任何單一字元	[^ 字元]	[^aeiouAEIOU]= 任何非母音字元
在指定範圍內 c_1 到 c_2 的任何字元	[c_1-c_2]	[0-9]= 任何數字
不在指定範圍內的任何字元	[^c_1-c_2]	[^0-9]= 任何非數字

3　*grep* 是「get regular expression and print」的縮寫。

<table>
<tr><th>比對的項目</th><th>使用的語法</th><th>範例</th></tr>
<tr><td>符合 E_1 或 E_2 兩個表示式之一</td><td>grep 和 sed 用 E_1\|E_2
awk 用 E_1|E_2</td><td>one\|two=one 或 two
one|two=one 或 two</td></tr>
<tr><td>先後分群組表示式 E</td><td>grep 和 sed 用 \(E\)[b]
awk 用 (E)</td><td>\(one\|two\)*= 零次或多次出現 one 或 two
(one|two)*= 零次或多次出現 one 或 two</td></tr>
</table>

[a] 在某些方面，這三個命令在處理正規表示式會有所不同；表 5-1 僅列出部分項目。
[b] 此語法對於 sed 不僅僅用於分組；詳細請參考第 102 頁的「使用 sed 子表示式」小節。

以下是一些關於 grep 命令的正規表示式範例。比對所有以大寫字母開頭的行內容：

```
$ grep '^[A-Z]' myfile
```

比對所有非空行（也就是比對空行，並使用 -v 忽略印出它們）：

```
$ grep -v '^$' myfile
```

比對一行中包含 *cookie* 或 *cake* 的行：

```
$ grep 'cookie\|cake' myfile
```

比對一行中至少五個長度字元的所有行：

```
$ grep '.....' myfile
```

比對一行中，小於符號出現在大於符號之前的行內容，例如 HTML 程式碼：

```
$ grep '<.*>' page.html
```

正規表示式很強大，但有時會遇到一些阻礙。假設我們要在 *frost* 檔案中，找出其中兩行，包含 w 緊跟著句點做為結束的行內容。以下命令的結果是錯誤的，因為句點在正規表示式中代表「任何字元」：

```
$ grep w. frost
Whose woods these are I think I know.
He will not see me stopping here
To watch his woods fill up with snow.
```

要解決此問題，我們可透過轉義特殊字元符號：

```
$ grep 'w\.' frost
Whose woods these are I think I know.
To watch his woods fill up with snow.
```

但是如果其中有很多特殊字元需要轉義，這樣的解決方案就會變得相當麻煩。

幸運的是，我們可以強制 grep 遺忘正規表示式，並使用 -F 選項，會逐字搜尋輸入中的每個字元；或者，執行 fgrep 來替代 grep，也能夠獲得相同結果：

```
$ grep -F w. frost
Whose woods these are I think I know.
To watch his woods fill up with snow.
$ fgrep w. frost
Whose woods these are I think I know.
To watch his woods fill up with snow.
```

grep 還有許多其他選項；以下再提出一個解決常見問題的工具。使用 -f 選項（注意是小寫，不要與 -F 混淆）比對一群字串，而非單一字串。我們用第 12 頁的「命令 #5：sort」小節的實際例子來做說明；找出所有列在 */etc/passwd* 檔案中的 shell。讀者可能還記得，在 */etc/passwd* 中的每一行都包含使用者的有關資訊，以冒號分隔所組成的欄位。每一行的最後一個欄位是使用者登入時啟動的程式。這個程式通常會是 shell，但總會有例外的情況：

```
$ cat /etc/passwd
root:x:0:0:root:/root:/bin/bash                        第 7 個欄位是 shell
daemon:x:1:1:daemon:/usr/sbin:/usr/sbin/nologin        第 7 個欄位不是 shell
⋮
```

如何判斷一個程式是否是 shell？先從列出檔案 */etc/shell* 中，所有在 Linux 系統上有效的 login shell 開始：

```
$ cat /etc/shells
/bin/sh
/bin/bash
/bin/csh
```

我們可以使用 cut 分隔出第七個欄位，加上 sort -u 移除重複項目，並根據 */etc/shell*，使用 grep -f 的方式，來列出在 */etc/passwd* 中真正有在使用的 shell。為求謹慎起見，增加了 -F 選項，因此 */etc/shell* 中的所有行內容，即使包含特殊字元也都依照字面上的意思來表示：

```
$ cut -d: -f7 /etc/passwd | sort -u | grep -f /etc/shells -F
/bin/bash
/bin/sh
```

tail 命令

tail 命令用來列印檔案的最後幾行內容，預設為 10 行。與 head 命令的相輔相成。假設我們有一個檔案 *alphabet*，其中包含 26 行內容，每個字母一行：

```
$ cat alphabet
A is for aardvark
B is for bunny
C is for chipmunk
⋮
X is for xenorhabdus
Y is for yak
Z is for zebu
```

使用 tail 列印最後三行的內容。其中選項 -n 可以設定要列印的行數，就像操作 head 一樣：

```
$ tail -n3 alphabet
X is for xenorhabdus
Y is for yak
Z is for zebu
```

如果在行號前插入加號（+），則從該行號開始列印，一直進行到檔案結尾。以下命令從檔案的第 25 行開始：

```
$ tail -n+25 alphabet
Y is for yak
Z is for zebu
```

組合 tail、head 命令，可以列印檔案中任意範圍的內容。例如，要單獨列印第四行；先取出前四行再分隔出最後一行：

```
$ head -n4 alphabet | tail -n1
D is for dingo
```

一般來說，要列印第 *M* 到第 *N* 行之間的內容，先用 head 取出前 *N* 行後，再用 tail 分隔出最後 *N-M+1* 行。列印 *alphabet* 檔案中第 6~8 行的內容：

```
$ head -n8 alphabet | tail -n3
F is for falcon
G is for gorilla
H is for hawk
```

head、tail 都支援更簡易的語法來指定行數，而不用透過 -n 選項。雖然這種語法比較古老、沒有說明註記，且已被棄用，但目前仍可使用：

```
$ head -4 alphabet        與 head -n4 alphabet 結果相同
$ tail -3 alphabet        與 tail -n3 alphabet 結果相同
$ tail +25 alphabet       同 tail -n+25 alphabet 結果相同
```

awk {print} 命令

awk 命令是通用文字處理工具，其中具有數以百計的功能與用途。讓我們介紹一個小功能 print，用來擷取出檔案中的欄位資料，並且是 cut 無法做到的方式。假設在系統檔案 */etc/hosts* 中，包含任意數量、由空格分隔的 IP 位置與主機名稱：

```
$ less /etc/hosts
127.0.0.1       localhost
127.0.1.1           myhost      myhost.example.com
192.168.1.2       frodo
192.168.1.3     gollum
192.168.1.28        gandalf
```

假設我們想區分隔主機名稱，它位在每一行上的第二個單字。這個問題在於，每個主機名稱前面都有任意數量的空格。若使用 cut 命令，需要在整齊排列的狀況下，提供欄位編號（-c）及固定的單一字元（-f）做分隔。而採用 awk 命令，則可以輕鬆處理：列印每一行的第二個單字。

```
$ awk '{print $2}' /etc/hosts
localhost
myhost
frodo
gollum
gandalf
```

awk 透過錢字符號、數字來代表任何欄位：例如，第七個欄位以 $7 表示；如果欄位編號多於一位，請用小括號將數字括起來：例如，$(25)。要參考最後一欄，請使用 $NF（欄位數量，number of fields）。要參考一整行的內容，請使用 $0。

預設情況下，awk 不會列印數值之間的空格。如果需要空格，請用逗號來分隔數值：

```
$ echo Efficient fun Linux | awk '{print $1 $3}'          沒有空格
EfficientLinux
$ echo Efficient fun Linux | awk '{print $1, $3}'         含有空格
Efficient Linux
```

awk 命令中的 print 語法，非常適合處理資料偏離欄位的情況。下一個範例是 df，會列印 Linux 系統上可用、已用的磁碟空間容量：

```
$ df / /data
Filesystem      1K-blocks       Used  Available Use% Mounted on
/dev/sda1      1888543276  902295944  890244772  51% /
/dev/sda2      7441141620 1599844268 5466214400  23% /data
```

欄位位置可能會因為檔案系統路徑的長度、磁碟大小和使用 df 的選項而有所不同，因此我們無法單純使用 cut 擷取出其中的數值。但是，使用 awk 我們就可以輕鬆分隔。例如：每一行的第四個數值，代表可用磁碟空間：

```
$ df / /data | awk '{print $4}'
Available
890244772
5466214400
```

甚至再加入一點 awk 魔法，同時刪除第一行（標題列），只列印行號大於 1 的內容：

```
$ df / /data | awk 'FNR>1 {print $4}'
890244772
5466214400
```

如果遇到輸入內容是由空格字元以外的其他字元做分隔，awk 可以使用 -F 選項，將欄位的分隔符號，修改為任何的正規表示式：

```
$ echo efficient:::::linux | awk -F':*' '{print $2}'        任意數量的冒號
linux
```

我們將在第 96 頁的「awk 基礎知識」小節中，學習更多有關 awk 的內容。

組合文字

我們已經知道幾個用來組合來自不同檔案內容的命令。第一個是 cat，會將多個檔案的內容列印到標準輸出。過程中，檔案會從上到下連接著不斷輸出。這就是命令名稱的由來，con*cat*enate（串接）檔案：

```
$ cat poem1
It is an ancient Mariner,
And he stoppeth one of three.
$ cat poem2
'By thy long grey beard and glittering eye,
$ cat poem3
Now wherefore stopp'st thou me?
$ cat poem1 poem2 poem3
It is an ancient Mariner,
And he stoppeth one of three.
'By thy long grey beard and glittering eye,
Now wherefore stopp'st thou me?
```

第二個用於組合文字的命令是 echo，這是 shell 內建命令，可以列印我們提供的任何參數，由一個空格字元作為分隔。以下是並排組合字串的例子：

```
$ echo efficient             linux     in     $HOME
efficient linux in /home/smith
```

接下來再讓我們看看更多組合文字的命令：

tac

　將文字檔案由下而上組合的命令

paste

　將文字檔案的並排組合的命令

diff

　比對兩個文字檔案差異的命令，不同部分會交錯列印輸出。

tac 命令

tac 命令將檔案內容，逐行反轉輸出。命令的名稱倒過來就是 *cat*。

```
$ cat poem1 poem2 poem3 | tac
Now wherefore stopp'st thou me?
'By thy long grey beard and glittering eye,
And he stoppeth one of three.
It is an ancient Mariner,
```

請注意，作者在反轉文字之前，連接了三個檔案。如果改成將 tac 輸入多個檔案作為參數，其結果會依次序反轉每個檔案的內容，因而產生不同的輸出：

```
$ tac poem1 poem2 poem3
And he stoppeth one of three.                第一個檔案反轉
It is an ancient Mariner,
'By thy long grey beard and glittering eye,  第二個檔案
Now wherefore stopp'st thou me?              第三個檔案
```

tac 非常適合處理已經按照時間順序排列，卻不能使用 sort -r 命令來反轉排列的數據資料。一個典型例子是處理網路伺服器的日誌檔案，將其中的內容從最新到最舊做排列：

```
192.168.1.34 - - [30/Nov/2021:23:37:39 -0500] "GET / HTTP/1.1" ...
192.168.1.10 - - [01/Dec/2021:00:02:11 -0500] "GET /notes.html HTTP/1.1" ...
192.168.1.8 - - [01/Dec/2021:00:04:30 -0500] "GET /stuff.html HTTP/1.1" ...
⋮
```

每一行皆有時間戳記，並依照時間順序排列，但卻不是按照字母、數字順序排列，因此 sort -r 命令沒有任何幫助。tac 命令可以反轉這些內容，而無須考慮時間戳記。

paste 命令

paste 命令是將檔案並排組合，再由一個 tab 字元作為分隔的欄位。可以與 cut 命令完美的結合，從 tab 字元分隔的檔案中擷取欄位：

```
$ cat title-words1
EFFICIENT
AT
COMMAND
$ cat title-words2
linux
the
line
$ paste title-words1 title-words2
EFFICIENT	linux
AT	the
COMMAND	line
$ paste title-words1 title-words2 | cut -f2        cut 和 paste 是相輔相成的
linux
the
line
```

使用選項 -d（意思是「分隔符號」，delimiter），可將分隔符號修改為另一個字元，例如逗號：

```
$ paste -d, title-words1 title-words2
EFFICIENT,linux
AT,the
COMMAND,line
```

使用 -s 選項將列、欄位的資料做轉置輸出：

```
$ paste -d, -s title-words1 title-words2
EFFICIENT,AT,COMMAND
linux,the,line
```

如果將分隔符號修改為換行符號（\n），會使得 paste 將來自多個檔案的數據資料交錯輸出：

```
$ paste -d "\n" title-words1 title-words2
EFFICIENT
linux
AT
```

```
the
COMMAND
line
```

diff 命令

diff 命令用於逐行比較兩個檔案其內容，並列印關於檔案之間的差異報告：

```
$ cat file1
Linux is all about efficiency.
I hope you will enjoy this book.
$ cat file2
MacOS is all about efficiency.
I hope you will enjoy this book.
Have a nice day.
$ diff file1 file2
1c1
< Linux is all about efficiency.
---
> MacOS is all about efficiency.
2a3
> Have a nice day.
```

符號 1c1 表示檔案之間的修改或差異。這表示第一個檔案中的第 1 行與第二個檔案中的第 1 行，其內容有所不同。這樣的表示法之後，會緊接著 *file1* 的相關內容、三個減號形成的分隔符號（---）、*file2* 的相關內容；由以上三者所組成的彙整資訊。

此外，彙整的資訊中，開頭使用 < 符號表示第一個檔案中的內容，> 表示第二個檔案中的內容。

符號 2a3 表示增加的內容。這意味著 *file2* 在 *file1* 的第二行之後沒有第三行。這個符號之後是接著 *file2* 中的額外多增加的內容「Have a nice day」。

diff 輸出可能包含其他符號，並且可以採用其他格式。然而，這個簡單的例子已經足夠滿足我們做說明，使用 diff 作為文字處理工具，將兩個檔案中的部分內容交錯。許多使用者認為 diff 並不適合用來解決某些管線格式化類型的問題，然而作者卻不這麼認為。例如，我們可以使用 grep 和 cut 分隔出不同的行內容：

```
$ diff file1 file2 | grep '^[<>]'
< Linux is all about efficiency.
> MacOS is all about efficiency.
> Have a nice day.
$ diff file1 file2 | grep '^[<>]' | cut -c3-
Linux is all about efficiency.
```

```
MacOS is all about efficiency.
Have a nice day.
```

我們將在第 124 頁的「技巧 #4：過程替換」小節和第 155 頁的「檢查成對比較的檔案」小節，再多做說明。

轉換文字

在第 1 章曾介紹幾個從 stdin 讀取文字後，將其內容轉換輸出至 stdout 的命令。wc 列印行數、單字數量和字元數量；sort 對內容進行字母、數字進行排序；uniq 合併重複的行內容。接下來，討論幾個轉換輸入的命令：

`tr`

將字元轉換成其他字元

`rev`

反轉一行中的字元

`awk` 和 `sed`

多功能通用的轉換工具

tr 命令

tr 將一組字元轉換成另一組字元。作者在第 2 章中曾提及，將冒號轉換為換行符號，列印出 shell 路徑的範例：

```
$ echo $PATH | tr : "\n"            將冒號轉換成換行符號
/home/smith/bin
/usr/local/bin
/usr/bin
/bin
/usr/games
/usr/lib/java/bin
```

tr 將兩組字元作為參數，並將第一組字元的項目，轉換為第二組字元所對應的項目。最常見的用途是將文字大小寫做轉換：

```
$ echo efficient | tr a-z A-Z       將 a 轉換成 A，將 b 轉換成 B，以此類推
EFFICIENT
$ echo Efficient | tr A-Z a-z
efficient
```

將空格轉換為換行符號：

```
$ echo Efficient Linux | tr " " "\n"
Efficient
Linux
```

並使用 -d（刪除）選項刪除空格：

```
$ echo efficient linux | tr -d ' \t'        刪除空格和 tab 字元
efficientlinux
```

rev 命令

rev 命令反轉每一行輸入的字元[4]：

```
$ echo Efficient Linux! | rev
!xuniL tneiciffE
```

很明顯的除了娛樂價值之外，rev 還可以方便的從檔案中擷取麻煩的資訊。假設我們有一個包含人員姓氏、名字的檔案：

```
$ cat celebrities
Jamie Lee Curtis
Zooey Deschanel
Zendaya Maree Stoermer Coleman
Rihanna
```

並且我們想擷取每一行中的最後一個字（Curtis、Deschanel、Coleman、Rihanna）。如果每一行具有相同數量的欄位，則使用 cut -f 會很容易達成，但以上的例子數量卻不同。此時使用 rev，可以反轉所有的行內容，再裁切出第一個欄位，最後再次反轉，來達到我們的目的[5]：

```
$ rev celebrities
sitruC eeL eimaJ
lenahcseD yeooZ
nameloC remreotS eeraM ayadneZ
annahiR
$ rev celebrities | cut -d' ' -f1
sitruC
lenahcseD
nameloC
annahiR
```

4 測驗一下：管線 rev myfile | tac | rev | tac 在做什麼呢？

5 我們很快就會看到使用 awk、sed 更簡單的解決方案，但是兩次 rev 的技巧比較容易理解。

```
$ rev celebrities | cut -d' ' -f1 | rev
Curtis
Deschanel
Coleman
Rihanna
```

awk 和 sed 命令

awk 和 sed 是用於處理文字的通用「超級命令」。它們可以完成如同本章中，其他命令所做的大部分事情，但語法看起來更為神祕。先舉一個簡單的例子，它們可以像 head 一樣列印檔案中前 10 行的內容：

```
$ sed 10q myfile                列印前 10 行並離開（q）
$ awk 'FNR<=10' myfile          行號≤ 10 時列印
```

還可以做到其他命令無法處理的事情，例如替換或交換字串：

```
$ echo image.jpg | sed 's/\.jpg/.png/'          用 .png 替換 .jpg
image.png
$ echo "linux efficient" | awk '{print $2, $1}'  交換兩個字
efficient linux
```

awk、sed 比作者先前介紹過的其他命令更難學習，因為它們各自都有一組內建的微型程式語言。功能相當眾多，內容甚至可以為它們個別撰寫書籍來介紹 [6]。作者強烈建議花一些時間學習這兩個命令（或至少其中一個）。在我們開始介紹之前，作者將說明每個命令的基本原理，並示範一些常見用法。還推薦一些線上教學，來學習更多關鍵且強大的命令。

不需要去強記住 awk 或 sed 的每一個特性。這些命令之所以成功，實際上也意味著：

- 理解其中所能夠實現的**轉換種類**，這樣我們就可以透過聯想：「啊哈！這是 awk（或 sed）的工作！」，並在需要的時候應用它們
- 學習閱讀 manpage 相關的資訊，並透過 Stack Exchange 或其他線上資源，找到完整的解決方案（*https://oreil.ly/0948M*）

6 如 O'Reilly 的書籍《*sed & awk* 程式設計》。（*https://oreil.ly/FjtTm*）

awk 基礎知識

awk 的使用，也常被視為一連串指令序列的 *awk* 程式（*awk program*），會將檔案（或 stdin）中的文字內容轉換為任何其他文字[7]。當我們撰寫 awk 程式的技巧越來越熟練，就能更靈活對文字進行操作。可以依照以下方式，在命令列中提供 awk 所需要執行的程式：

```
$ awk program input-files
```

也可以將一個或多個 awk 程式儲存在檔案中，並使用 -f 選項引用它們，程式依照順序執行：

```
$ awk -f program-file1 -f program-file2 -f program-file3 input-files
```

awk 程式包含一個或多個操作（*actions*），例如計算數值或列印文字，當輸入行與樣式（*pattern*）比對相符時，執行相關操作。程式中的每一條規則動作，都具有以下形式：

```
pattern { action}
```

典型樣式包括：

關鍵字 BEGIN

　　這裡的動作只執行一次，會在 awk 處理任何輸入之前。

關鍵字 END

　　這裡的動作只執行一次，會在 awk 處理完所有輸入之後。

一組由斜線所包圍的正規表示式（參考表 *5-1*）

　　例如 /^[A-Z]/ 樣式比對，找出以大寫字母作為開頭的行內容。

其他特定在 awk 的表示式

　　例如，要檢查輸入內容中的第三個欄位（$3）是否以大寫字母做開頭，其表示式為 $3~/^[A-Z]/。另一個例子是 FNR>5，這是告訴 awk 跳過輸入的前五行內容。

倘若沒有提供樣式，則會針對每一行輸入執行動作。（在第 88 頁的「awk {print} 命令」小節中，有幾個 awk 程式是屬於這種類型。）例如，在第 94 頁的「rev 命令」小節中的「列印姓氏名稱」問題，若直接透過 awk，只需列印每一行的最後一個字，就漂亮的解決了。

7　*awk* 這個命令名稱是三位程式創造者 Aho、Weinberger、Kernighan，個別首位字母組成的縮寫。

```
$ awk '{print $NF}' celebrities
Curtis
Deschanel
Coleman
Rihanna
```

當在命令列上使用 awk 命令時，利用引號夾在程式段落的前後位置，用來防止 shell 計算 awk 的特殊字元。依照當時情況，根據需要使用單引號、雙引號。

沒有執行樣式操作的預設動作為 {print}，只會列印符合比對輸入的行內容，而不做改變：

```
$ echo efficient linux | awk '/efficient/'
efficient linux
```

為了更完整的說明，我們再次處理範例 1-1，*animals.txt* 檔案，來產生整齊的參考書目，並以 tab 字元作分隔的格式：

```
python	Programming Python	2010	Lutz, Mark
```

轉換成這種格式：

```
Lutz, Mark (2010). "Programming Python"
```

這需要重新排列三個欄位，並加入一些字元，如括號和雙引號。以下的 awk 程式可以解決這個問題，使用選項 -F，將輸入分隔符號從空格改為 tab 字元（\t）：

```
$ awk -F'\t' '{print $4, "(" $3 ").", "\"" $2 "\""}' animals.txt
Lutz, Mark (2010). "Programming Python"
Barrett, Daniel (2005). "SSH, The Secure Shell"
Schwartz, Randal (2012). "Intermediate Perl"
Bell, Charles (2014). "MySQL High Availability"
Siever, Ellen (2009). "Linux in a Nutshell"
Boney, James (2005). "Cisco IOS in a Nutshell"
Roman, Steven (1999). "Writing Word Macros"
```

再增加正規表示式，限制只處理「horse」的這本書：

```
$ awk -F'\t' '/^horse/ {print $4, "(" $3 ").", "\"" $2 "\""}' animals.txt
Siever, Ellen (2009). "Linux in a Nutshell"
```

變換一下，改成只處理 2010 年或之後的書籍，透過檢測 `$3` 欄位，是否符合比對 `^201`：

```
$ awk -F'\t' '$3~/^201/ {print $4, "(" $3 ").", "\"" $2 "\""}' animals.txt
Lutz, Mark (2010). "Programming Python"
Schwartz, Randal (2012). "Intermediate Perl"
Bell, Charles (2014). "MySQL High Availability"
```

最後，增加一些指令，`BEGIN` 用來列印友善的標題、用於縮排的連字符號，而 `END` 用來列印引導讀者取得更多資訊：

```
$ awk -F'\t' \
  'BEGIN {print "Recent books:"} \
  $3~/^201/{print "-", $4, "(" $3 ").", "\"" $2 "\""} \
  END {print "For more books, search the web"} ' \
  animals.txt
如此，呈現最近的書籍結果：
- Lutz, Mark (2010). "Programming Python"
- Schwartz, Randal (2012). "Intermediate Perl"
- Bell, Charles (2014). "MySQL High Availability"
For more books, search the web
```

還可以在 awk 列印之前做更多與計算相關的事情，例如對數字 1 至 100 求和：

```
$ seq 1 100 | awk '{s+=$1} END {print s}'
5050
```

我們無法只用幾頁文字來涵蓋 awk 的所有功能，更多的資訊請到網站 tutorialspoint.com/awk（*https://www.tutorialspoint.com/awk/*）或 riptutorial.com/awk（*https://riptutorial.com/awk*）或在網路上搜尋「awk 教學」。相信讀者一定會有所收穫。

改進重複檔案檢測工具

在第 17 頁的「檢測重複檔案」小節中，我們建構一個管線命令，透過驗證碼來檢驗及計算重複的 JPEG 檔案，但這工具的功能還不能夠列印檔案名稱：

```
$ md5sum *.jpg | cut -c1-32 | sort | uniq -c | sort -nr | grep -v " 1 "
      3 f6464ed766daca87ba407aede21c8fcc
      2 c7978522c58425f6af3f095ef1de1cd5
      2 146b163929b6533f02e91bdf21cb9563
```

現在我們知道 awk 也擁有列印檔案名稱和其他工具的能力。是時候重新打造一個新命令，來讀取 `md5sum` 輸出的每一行內容：

```
$ md5sum *.jpg
146b163929b6533f02e91bdf21cb9563  image001.jpg
```

```
63da88b3ddde0843c94269638dfa6958  image002.jpg
146b163929b6533f02e91bdf21cb9563  image003.jpg
⋮
```

這次不僅計算每個驗證碼的出現次數，還要將檔案名稱列印出來。我們將需要兩個額外的 awk 功能，稱為**陣列**（*arrays*）與**迴圈**（*loops*）。

陣列（*array*）是一個包含數值集合的變數。如果陣列名稱為 A 並包含七個數值，我們可以透過 A[1]、A[2]、A[3]、A[7] 來存取這些數值。數值 1 到 7 稱為陣列的**鍵值**（*key*），而 A[1] 到 A[7] 稱為陣列的**元素**（*element*）。在其中可以建立任何我們想要的鍵值。如果讀者想要使用 Disney 七個小矮人的角色名稱，來存取陣列中的元素，可將它們命名為 A["Doc"]、A["Grumpy"]、A["Bashful"]，一直到 A["Dopey"]。

如果要計算重複圖片的檔案，需要建立一個 counts 的陣列，其中每個元素對應一組驗證碼。陣列中的每個鍵值都是一組驗證碼，並且紀錄驗證碼在輸入中出現的次數。例如，陣列元素 counts["f6464ed766daca87ba407aede21c8fcc"] 的數值為 3。以下 awk 指令稿檢查 md5sum 輸出的每一行，透過 ($1) 分隔出驗證碼，並作為 counts 陣列的鍵值。每當 awk 遇到相同的驗證碼時，運算符號 ++ 都會將元素增加 1：

```
$ md5sum *.jpg | awk '{counts[$1]++}'
```

到目前為止，awk 指令稿只單純計算每個驗證碼出現的次數，並沒有產生任何輸出。要列印計算後的結果，我們需要第二個 awk 指令，稱為 for 迴圈。for 迴圈會逐一走遍陣列中所有的鍵值，並依照順序處理每個元素，使用以下語法：

```
for ( variable in array) 用 array[variable] 處理某些事情
```

例如，透過鍵值列印出陣列中的每一個元素：

```
for (key in counts) print array[key]
```

將此迴圈動作放在 END 指令中，以便在計算結束後執行。

```
$ md5sum *.jpg \
  | awk '{counts[$1]++} \
        END {for (key in counts) print counts[key] }'
1
2
2
⋮
```

接下來，將驗證碼做輸出。每個陣列鍵值都是一個驗證碼，因此只需在計算後列印鍵值：

```
$ md5sum *.jpg \
  | awk '{counts[$1]++} \
         END {for (key in counts) print counts[key] " " key }'
1 714eceeb06b43c03fe20eb96474f69b8
2 146b163929b6533f02e91bdf21cb9563
2 c7978522c58425f6af3f095ef1de1cd5
⋮
```

要蒐集和列印檔案名稱，請使用第二個陣列 names，也將驗證碼作為其鍵值。當 awk 處理每一行輸出的過程中，除了將檔案名稱 ($2) 附加到 names 陣列所對應的元素之外，還會在其中添加一個空格作為分隔符號。在 END 迴圈中，列印驗證碼（key）之後，額外再列印一個冒號和該驗證碼所對應到的檔案名稱：

```
$ md5sum *.jpg \
  | awk '{counts[$1]++; names[$1]=names[$1] " " $2 } \
         END {for (key in counts) print counts[key] " " key ":" names[key] }'
1 714eceeb06b43c03fe20eb96474f69b8: image011.jpg
2 146b163929b6533f02e91bdf21cb9563: image001.jpg image003.jpg
2 c7978522c58425f6af3f095ef1de1cd5: image019.jpg image020.jpg
⋮
```

若以 1 作為開頭的行，表示驗證碼只出現一次，也表示它們不是重複的。將輸出透過管線傳遞給 grep -v，用來刪除這些行內容，然後再使用 sort -nr，依照數字從高到低對結果進行排序，我們將獲得所需要的輸出：

```
$ md5sum *.jpg \
  | awk '{counts[$1]++; names[$1]=names[$1] " " $2 } \
         END {for (key in counts) print counts[key] " " key ":" names[key]}' \
  | grep -v '^1 ' \
  | sort -nr
3 f6464ed766daca87ba407aede21c8fcc: image007.jpg image012.jpg image014.jpg
2 c7978522c58425f6af3f095ef1de1cd5: image019.jpg image020.jpg
2 146b163929b6533f02e91bdf21cb9563: image001.jpg image003.jpg
```

sed 基礎知識

sed 與 awk 相似，使用一系列稱為 *sed* 指令稿（*sed script* 的指令，將檔案（或標準輸入））中的文字轉換為其他任何文字[8]。乍看 sed 指令稿，可能會搞不清楚而感到神祕。例如，s/Windows/Linux/g 這個範例，表示使用 Linux 替換每一個符合比對字串 Windows

8 *sed* 這個程式名稱是「stream editor（資料流編輯器）」的縮寫，正如其名，是用來做文字資料流的編輯。

的部分。此處的 *script* 並非表示檔案（如 shell 指令稿）而是字串[9]。在命令列上使用以下指令啟動 sed：

```
$ sed script input-files
```

或使用 -e 選項，提供多個依照順序處理輸入的指令稿：

```
$ sed -e script1 -e script2 -e script3 input-files
```

我們還可以將 sed 指令稿儲存在檔案中，並使用 -f 選項帶入，會依照順序執行：

```
$ sed -f script-file1 -f script-file2 -f script-file3 input-files
```

與 awk 一樣，sed 的功能取決於我們建立 sed 指令稿的技巧。將文字作替換是最常見的指令稿類型。語法為：

```
s/regexp/replacement/
```

其中 *regexp* 是比對每個輸入行內容的正規表示式（見表 5-1），*replacement* 是將符合比對的字串做文字替換。舉一個簡單的例子，把一個字改成另外一個：

```
$ echo Efficient Windows | sed "s/Windows/Linux/"
Efficient Linux
```

在命令列上操作 sed 指令稿時，將指令置於在引號之中，以防止 shell 計算 sed 所需要的特殊字元。並適時調整，使用單引號或雙引號。

sed 使用正規表示式，就能輕鬆解決在第 94 頁的「rev 命令」小節中的「列印姓氏名稱」問題。且只需使用 (.*)，比對所有字元，直到最後一個空格並將其以空字元做替換：

```
$ sed 's/.* //' celebrities
Curtis
Deschanel
Coleman
Rihanna
```

替換與斜線

替換中所使用的斜線符號，可依照情況替換任何其他的字元。倘若在正規表示式本身需要包含斜線時，會顯得相當有用（否則需要加入轉義符號）。這三個 sed 指令稿是相等的：

```
s/one/two/      s_one_two_      s@one@two@
```

9 如果讀者熟悉 vi、vim、ex、ed 編輯器，那麼 sed 指令稿的語法，就可以很得心應手。

我們可以在指令之後加入其他選項，來影響替換的行為。選項 i 會使比對不區分大小寫：

```
$ echo Efficient Stuff | sed "s/stuff/linux/"        區分大小寫；不符合比對
Efficient Stuff
$ echo Efficient Stuff | sed "s/stuff/linux/i"       不區分大小寫的比對
Efficient linux
```

選項 g「global（全域）」，會替換所有符合正規表示式的地方，而不僅僅只有第一個：

```
$ echo efficient stuff | sed "s/f/F/"        只替換第一個「f」
eFficient stuff
$ echo efficient stuff | sed "s/f/F/g"       替換所有出現「f」的地方
eFFicient stuFF
```

另一種常見的作用是刪除指令。會依照行的編號進行刪除動作：

```
$ seq 10 14 | sed 4d                 刪除第 4 行
10
11
12
14
```

或僅刪除符合正規表示式比對的行內容：

```
$ seq 101 200 | sed '/[13579]$/d'    刪除以奇數結尾的行
102
104
106
⋮
200
```

使用 sed 子表示式

假設我們有一些檔案名稱：

```
$ ls
image.jpg.1  image.jpg.2  image.jpg.3
```

並且想要產生新的檔案名稱：*image1.jpg*、*image2.jpg*、*image3.jpg*。sed 可以將檔案名稱拆分成多個部分，並透過稱為**子表示式**（*subexpressions*）的功能重新排列它們。首先，建立一個比對檔案名稱的正規表示式：

```
image\.jpg\.[1-3]
```

我們希望將檔案名稱中的最後一位數字移到前面，因此透過用符號 \(、\)，將該數字包圍起來區分出數字。這裡定義一個子表示式——以正規表示式的指定其部分：

```
image\.jpg\.\([1-3]\)
```

接著，sed 可以透過數字，來指定參考的子表示式，並對其進行操作。因為只建立一個子表示式，所以它的名稱是 \1。第二個子表示式是 \2，依此類推，最大為 \9。而新的檔案名稱格式為 image\1.jpg。因此，我們的 sed 指令稿將是：

```
$ ls | sed "s/image\.jpg\.\([1-3]\)/image\1.jpg/"
image1.jpg
image2.jpg
image3.jpg
```

接下來讓事情變複雜一些，假設有更多變化的檔案名稱，並且由小寫單字組成：

```
$ ls
apple.jpg.1 banana.png.2 carrot.jpg.3
```

建立三個子表示式來獲得基本檔案名稱、延伸副檔名和最末端的數字：

```
\([a-z][a-z]*\)            \1 = 一個或多個字母的基本檔案名稱
\([a-z][a-z][a-z]\)        \2 = 三個字母的檔案延伸副檔名
\([0-9]\)                  \3 = 一個數字
```

在點符號上進行轉義（\.），將以上串連起來形成以下的正規表示式：

```
\([a-z][a-z]*\)\.\([a-z][a-z][a-z]\)\.\([0-9]\)
```

最後將新轉換的檔案名稱以 \1\3.\2 來表示，並用 sed 做替換：

```
$ ls | sed "s/\([a-z][a-z]*\)\.\([a-z][a-z][a-z]\)\.\([0-9]\)/\1\3.\2/"
apple1.jpg
banana2.png
carrot3.jpg
```

這個命令不會將檔案重新命名，它只是列印新的檔名。第 152 頁的「將檔案名稱依序插入編號」小節，將會看見一個類似的範例，會執行重新命名。

要學習 sed 是無法用幾頁的內容就可以涵蓋的，請至 *https://www.tutorialspoint.com/sed*、*https://www.grymoire.com/Unix/Sed.html* 或在網路上搜尋「sed 教學」，以獲得更多的資訊。

讓工具箱變得更大

大多數 Linux 系統都帶有數以千計的命令列程式，並且其中都具有許多可以改變其行為的選項。我們不太可能全部都學習，並牢記它們。那麼，我們要如何找到一個新的程式（或是一個已知的程式）來達成我們需要的目標？

第一步（顯而易見的）是透過網路搜尋引擎。例如，我們需要一個命令來限制文字檔案中的行寬，將任何太長的行內容做換行的處理，請在網上搜尋「Linux 換行命令」，或許將得到 fold 命令：

```
$ cat title.txt
This book is titled "Efficient Linux at the Command Line"
$ fold -w40 title.txt
This book is titled "Efficient Linux at
the Command Line"
```

要探索 Linux 系統上已安裝的命令，請執行 man -k（或等效的 apropos 命令）。指定一個搜尋字樣，man -k 會針對說明文件中，最前面的簡短描述裡頭搜尋相關的字樣：

```
$ man -k width
DisplayWidth (3)      - image format functions and macros
DisplayWidthMM (3)    - image format functions and macros
fold (1)              - wrap each input line to fit in specified width
⋮
```

man -k 在搜尋字串中，可接受 awk 風格的正規表示式（參考表 5-1）：

```
$ man -k "wide|width"
```

未安裝在系統中的命令，可能需要透過套件管理工具來安裝。套件管理工具，主要目的是用於安裝系統所支援的 Linux 相關程式軟體。類似的流行套件管理工具包括 apt、dnf、emerge、pacman、rpm、yum、zypper。使用 man 命令，可以找出我們系統上安裝了哪些套件管理工具，並學習如何搜尋未安裝的套件。通常會有兩個重要的命令：一個是將有關可用套件的最新資料（亦稱為「中介資料」），從網路上複製到我們系統中的命令；另一個是如何搜尋中介資料的命令。若以 Ubuntu 或 Debian Linux 的系統為例，命令分別為：

```
$ sudo apt update                   下載最新的中介資料
$ apt-file search string            搜尋字串
```

如果尋找很多次之後，仍無法找到或建構一組適合的命令來滿足我們的需求時，請考慮在相關的網路論壇中尋求協助。有效的提問是一個很好的起點，這在 Stack Overflow 的協助文章中（*https://oreil.ly/J0jho*）「如何提出一個好的問題？（How Do I Ask a Good Question?）」有更多的討論。一般而言，以尊重他人時間的方式提出問題，會讓專家們更願意回答。這表示需要讓提問簡短而明確，其中可能包括任何錯誤訊息或其他文字的輸出，並說明自己先前嘗試過的步驟及內容。花時間問一個有質量的問題：這不僅僅能增加獲得有用答案的機會，而且如果論壇是公開、可搜尋的，那麼清晰的問題及答案可能會幫助到其他有類似問題的人。

總結

我們現在已經超越第 1 章中的小型工具箱，並準備好在命令列中解決更具挑戰性的問題。接下來的章節，會看到在各種實際情況下使用的新命令。

第六章

父行程、子行程和環境

「執行命令」這是 shell 的目的，亦是 Linux 的基礎，以至於使用者可能會認為 shell 是以某種特殊形式內建在 Linux 之中。但實際上並非如此。其實 shell 就是像 `ls`、`cat` 這樣一般的普通程式。其中的程式被撰寫為一遍又一遍地重複以下步驟……

1. 列印提示符號
2. 從標準輸入讀取命令。
3. 計算並執行命令。

Linux 完美地隱藏了 shell 是一個普通程式的事實。當我們登入系統時，Linux 會自動替使用者執行一個 shell 實體，稱為 *login shell*。如此無縫的執行，以至於它看起來像是 Linux，但實際上只是一個代表使用者啟動的程式，並且可以與 Linux 互動。

使用者的 *Login Shell* 在哪裡？

如果在非圖形的終端介面登入，比方說，使用 SSH 客戶端程式，則 login shell 就是初始與我們互動的 shell。它會列印第一個提示符號，並等待使用者的命令。或者，在帶有圖形顯示的電腦控制介面前，使用者的 login shell 將在背後執行。它會啟動桌面環境，例如 GNOME、Unity、Cinnamon 或 KDE Plasma。然後我們可以打開終端視窗，來執行額外的互動式的 shell。

當我們對 shell 的瞭解越多，使用 Linux 的效率就越高，對其中內部工作原理的誤解就越少。本章比第 2 章更深入探討以下 shell 的內容：

- shell 程式所在的位置
- 不同的 shell 實體如何相互聯動
- 為什麼不同的 shell 實體，可以具有相同的變數、數值、別名和其他內容
- 如何透過編輯配置設定，來改變 shell 的預設行為

到最後，希望讀者會發現這些謎團，其實並非那麼神祕。

Shell 是可執行檔案

大多數 Linux 系統的預設 shell 是 bash，並且是一個普通程式、可執行的檔案，位於系統目錄 */bin*，目錄中還包含 cat、ls、grep 和其他熟悉的命令 [1]：

```
$ cd /bin
$ ls -l bash cat ls grep
-rwxr-xr-x 1 root root 1113504 Jun  6 2019 bash
-rwxr-xr-x 1 root root   35064 Jan 18 2018 cat
-rwxr-xr-x 1 root root  219456 Sep 18 2019 grep
-rwxr-xr-x 1 root root  133792 Jan 18 2018 ls
```

bash 很可能也不是系統上唯一的 shell。合法的 shell 通常列在檔案 */etc/shells* 中：

```
$ cat /etc/shells
/bin/sh
/bin/bash
/bin/csh
/bin/zsh
```

要查詢我們正在執行哪個 shell，請透過 echo 環境變數 SHELL：

```
$ echo $SHELL
/bin/bash
```

理論上，Linux 系統可將任何程式皆視為有效的 login shell，前提是在使用者帳號設定登入時，啟動並將其列在 */etc/shells* 中（如果系統需要的話）。假設我們擁有超級使用者權限，甚至可以撰寫和安裝自己的 shell，如範例 6-1 中的指令稿。指令稿中會讀取任何命令並作回應，「I'm sorry, I'm afraid I can't do that.（對不起，我恐怕無法處理）」這個刻意自訂的 shell 證實了其他程式也可以像 */bin/bash* 一樣，成為合法的 shell。

1　如果讀者使用不同的 shell，請參考附錄 B。

範例 *6-1　halshell*：一個拒絕執行命令的 *shell*

```
#!/bin/bash
# 列印提示符號
echo -n '$ '
# 透過迴圈讀取使用者的輸入，當使用者按下 Ctrl-D 時離開。
while read line; do
  # 忽略輸入的 $line 並列印一行訊息
  echo "I'm sorry, I'm afraid I can't do that"
  # 列印下一個提示符號
  echo -n '$ '
done
```

由於 bash 只是一個程式，我們可以像任何其他命令一樣手動執行它：

```
$ bash
```

如果這樣做，我們只會看到另一個提示符號，感覺就好像執行的命令沒有效果一樣：

```
$
```

但實際上，我們已經執行了一個新的 bash 實體，列印提示符號之外，還等待我們的命令。要更能區分出新的實體，請設定 shell 變數 PS1，修改提示符號（例如，改為 %%），然後執行一些命令：

```
$ PS1="%% "
%% ls                                提示符號已修改
animals.txt
%% echo "This is a new shell"
This is a new shell
```

接著執行 exit 結束新的 bash 實體。我們將回到原來的 shell，它的提示符號是一個錢字號：

```
%% exit
$
```

這裡必須強調，從 %% 變回 $ 的階段，並沒有很迅速的做改變。這是一個完整的 shell 變化。新的 bash 實體已經結束，因此原始 shell 會提示使用者輸入下一個命令。

手動執行 bash 不僅僅是作為娛樂之用。後面我們將在第 7 章中使用手動執行的 shell。

父行程和子行程

當 shell 的一個實體啟動另一個時，正如剛才示範的那樣，原始 shell 稱為**父行程**（*parent*），新的實體稱為**子行程**（*child*）。在 Linux 中，對於任何程式執行的其他程式，亦是如此稱呼。啟動程式是父程式，而被啟動程式是前者的子程式。正在執行的 Linux 程式被稱為行程（*process*），我們接下來還會看到**父行程**、**子行程**等相關專業用字。一個行程可以啟動任意數量的子行程，但每個子行程只有一個父行程。

每個行程都有自己的環境。讀者可能還記得第 35 頁的「環境和簡易的初始化設定檔」小節中的環境，包括當下目錄、搜尋路徑、shell 提示符號和 shell 中儲存的其他重要變數資訊。當一個子行程被建立時，它的環境絕大部分是從父行程中所複製而來的（我們將在第 111 頁的「環境變數」小節中做更詳細的討論）。

每次執行一個簡單命令時，都會建立一個子行程。這是理解 Linux 行為的一個重點，作者再說一遍：即使我們執行一個簡單的命令，例如 `ls`；該命令也會在一個新的子行程中祕密執行，它也會有自己的（複製）環境。這表示我們對子行程的 shell 所做的任何修改（例如修改 shell 中提示符號的 `PS1` 變數），只會在子行程中受到影響，並在離開時消失。同樣的，對父行程的任何修改都不會影響到現階段已經執行的子行程。但是，對父行程的修改**可以**影響**未來**的子行程，因為每個子行程的環境都是在啟動時，從其父行程的環境複製而來。

為什麼命令在子行程中執行很重要？一方面，這說明我們執行的任何程式都可以 `cd` 切換到整個檔案系統，但當離開時，我們目前父行程的 shell 依舊在目前所在的目錄之中，並未被修改。以下是一個快速證明的實驗。在我們家目錄中建立一個名為 `cdtest` 的 shell 指令稿，其中包含一個 `cd` 命令：

```
#!/bin/bash
cd /etc
echo "Here is my current directory:"
pwd
```

指令稿設定為可執行：

```
$ chmod +x cdtest
```

列印現在的目錄名稱，然後執行指令稿：

```
$ pwd
/home/smith
$ ./cdtest
Here is my current directory:
/etc
```

現在檢查我們現在的目錄：

```
$ pwd
/home/smith
```

即使 cdtest 指令稿移動到 */etc* 目錄，我們所處的目錄並沒有改變。那是因為 cdtest 在具有自己環境的子行程中執行。修改子行程的環境不會影響父行程，因此父行程的目錄並沒有改變。

當我們執行諸如 cat、grep 之類的可執行程式時，也會發生同樣的事情——會在一個子行程中執行，在程式終止後離開，並伴隨著任何環境變化。

為什麼 cd 必須是內建在 *Shell* 之中

如果 Linux 程式無法修改 shell 的當下目錄，那麼 cd 命令要如何修改呢？所以說 cd 不是一個程式。它是 shell 內建的功能（亦稱為內建指令）。假設 cd 是 shell 外部的程式，則將不可能做目錄切換；它們仍是在子行程中執行，並且無法影響父行程。

以下用一個管線啟動多個子行程命令的例子。這個命令來自第 15 頁的「命令 #6：uniq」小節一口氣啟動了六個子行程：

```
$ cut -f1 grades | sort | uniq -c | sort -nr | head -n1 | cut -c9
```

環境變數

正如我們在第 25 頁的「變數的計算」小節中所談到的，shell 的每個實體都有一個變數集合。某些變數是存在單一 shell 中的內部變數。它們被稱為**局部變數**（*local variables*）。其他變數會自動從指定的 shell 中，複製到它的所有子行程。這些變數稱為**環境變數**（*environment variables*），共同構成 shell 的環境。以下是環境變數及其用途的一些例子：

HOME

使用者的家目錄路徑。當我們登入時，該數值由我們的 login shell 自動設定。像 vim 和 emacs 這類的文字編輯器，會讀取 HOME 變數，這樣它們就可以找到，並讀取所屬的配置設定檔案（分別是 *$HOME/.vim* 和 *$HOME/.emacs*）。

PWD

使用者 shell 當下所在的目錄。每次我們 cd 切換到另一個目錄時，該數值由 shell 自動設定和調整。命令 pwd 讀取變數 PWD，用以列印 shell 當下目錄的名稱。

EDITOR

使用者喜歡使用的文字編輯器（或路徑）。此數值通常會出現在我們的 shell 配置設定檔案中做調整。其他程式讀取此變數，可以協助使用者啟動適當的編輯器。

使用 printenv 命令查看 shell 的環境變數。每一個變數都獨立一行做輸出，並且未排序，結果可能很長，因此要能好好的觀察，需透過 sort、less，對輸出進行管線處理[2]：

```
$ printenv | sort -i | less
⋮
DISPLAY=:0
EDITOR=emacs
HOME=/home/smith
LANG=en_US.UTF-8
PWD=/home/smith/Music
SHELL=/bin/bash
TERM=xterm-256color
USER=smith
⋮
```

局部變數不會出現在 printenv 的輸出中。透過在變數名稱前加上錢字號，並使用 echo 來顯示它們的數值結果：

```
$ title="Efficient Linux"
$ echo $title
Efficient Linux
$ printenv title                              （不產生任何輸出）
```

建立環境變數

要將局部變數轉換為環境變數，請使用 export 命令：

```
$ MY_VARIABLE=10                  局部變數
$ export MY_VARIABLE              將其轉換成為環境變數
$ export ANOTHER_VARIABLE=20      或者寫在一起，同時設定和匯出
```

由 export 指定的變數及其數值，將從目前 shell 複製到任何接下來的子行程之中，局部變數是不會複製的：

2 作者選擇性地裁切輸出結果，僅顯示常見的環境變數。讀者的輸出可能更長，並且充滿艱澀難懂的變數名稱。

```
$ export E="I am an environment variable"     設定環境變數
$ L="I am just a local variable"              設定局部變數
$ echo $E
I am an environment variable
$ echo $L
I am just a local variable
$ bash                                        執行子行程 shell
$ echo $E                                     複製環境變數
I am an environment variable
$ echo $L                                     沒有複製局部變數
                                              列印空字串
$ exit                                        離開子行程 shell
```

記住，子行程的變數是副本。對副本的任何修改都不會影響父行程 shell：

```
$ export E="I am the original value"          設定環境變數
$ bash                                        執行子行程 shell
$ echo $E
I am the original value                       父行程的數值已被複製
$ E="I was modified in a child"               修改子行程的變數
$ echo $E
I was modified in a child
$ exit                                        離開子行程 shell
$ echo $E
I am the original value                       父行程數值不變
```

我們隨時啟動一個新的 shell，並修改其環境中的任何內容，當離開 shell 時所有修改都會消失。這意味著我們可以很安全的測試 shell 的功能，只需手動執行 shell、建立一個子行程，並在完成後終止某個功能。

警告：「全域」變數的誤解

有時 Linux 將內部的運作隱藏得太好。一個很好的例子是環境變數的行為。如同魔術一般，像 HOME、PATH 這樣的變數，在所有 shell 實體中都有一致的數值。從某種角度來說，它們似乎是「全域變數」。（作者甚至在其他非 O'Reilly 出版的 Linux 書籍中，也看過這種說法。）但是環境變數**並非是全域的**。每個 shell 實體都有自己的副本。在一個 shell 中，修改環境變數是無法影響任何其他正在執行的 shell 中的數值。這樣的修改只能影響該 shell 之後（尚未啟動）的子行程。

如果是這樣的話，像 HOME、PATH 這類的變數是如何在所有 shell 實體中維持其數值？有兩種方法可以實現這一點，圖 6-1 中，對此進行了說明。簡而言之：

子行程是從父行程那裡複製而來

對於像 HOME 這樣的變數，數值通常由我們登入的 shell 設定和匯出。接下來所有之後的 shell（直到我們離開）都是 login shell 的子行程，因此它們會收到該變數及其數值的副本。這些系統定義的環境變數，在實際環境中很少被修改，它們看起來像是全域的，但其實它們只是依照一般規則執行的普通變數。（甚至可以在執行的 shell 中修改它們的數值，但很可能會破壞該 shell 及其啟動的程式的預期行為。）

不同的實體讀取相同的配置設定檔案

沒有複製到子行程的局部變數，可以在 Linux 配置設定檔案中設定數值，例如 *$HOME/.bashrc*（請參考第 116 頁的「配置我們的環境」小節）。shell 的每個實體在啟動時讀取並執行適當的配置設定檔案。結果，這些局部變數似乎從一個 shell 複製到另一個 shell。對於其他非匯出的 shell 功能（例如別名）也是如此。

這種行為導致一些使用者解釋為 `export` 命令，建立了一個全域變數。但並非如此。命令 `export WHATEVER`，只是宣告變數 `WHATEVER`，將從目前 shell 複製到接下來的子行程中。

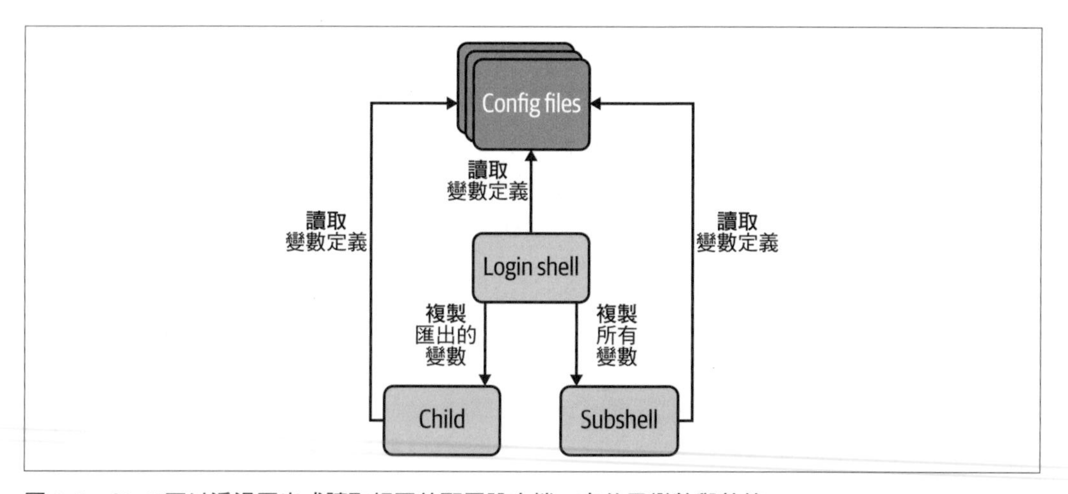

圖 6-1 Shell 可以透過匯出或讀取相同的配置設定檔，來共用變數與數值

子行程的 shell 與 Subshell

子行程是其父行程的部分副本。例如，包括父行程中的環境變數副本，但不包括父行程的局部（未匯出）變數或別名：

```
$ alias                    列出別名
alias gd='pushd'
alias l='ls -CF'
alias pd='popd'
$ bash --norc              執行子行程 shell 並忽略 bashrc 檔案
$ alias                    列出別名，結果一個也沒有
$ echo $HOME               已知的環境變數
/home/smith
$ exit                     離開子行程 shell
```

現在我們終於知道，為什麼別名在 shell 指令稿中無法使用了。shell 指令稿在子行程中執行，不會接收父行程別名的副本。

相較之下，*subshell* 是其父行程的完整副本 [3]。其中包括所有父行程的變數、別名、函數等等。要在 subshell 中啟動命令，請將命令放置於小括號之中：

```
$ (ls -l)                                    在 subshell 中啟動 ls -l
-rw-r--r-- 1 smith smith 325 Oct 13 22:19 animals.txt
$ (alias)                                    在 subshell 中檢視別名
alias gd=pushd
alias l=ls -CF
alias pd=popd
⋮
$ (l)                                        從父行程執行一個別名
animals.txt
```

要檢查 shell 實體是否為 subshell，請檢查變數 BASH_SUBSHELL。該數值在 subshell 中為非零，否則為零：

```
$ echo $BASH_SUBSHELL        檢查目前 shell
0                            不是 subshell
$ bash                       執行子行程 shell
$ echo $BASH_SUBSHELL        檢查子行程 shell
0                            不是 subshell
$ exit                       離開子行程 shell
$ (echo $BASH_SUBSHELL)      明確執行 subshell
1                            沒錯它是 subshell
```

我們將在第 142 頁的「技巧 #10：明確的 subshell」小節會再說明。現在，我們只需建立它們並複製父行程的別名。

3 它的確是完整的，但除了 trap，它是「在被重置替 shell 執行時從其父行程繼承過來的數值」(man bash)。本書不會進一步對 trap 做討論。

配置我們的環境

當 bash 執行過程中，透過讀取一連串的檔案（稱為**配置設定檔案**）並執行其中的內容，來對自身做配置設定。這些檔案定義了變數、別名、函數和其他 shell 特性，並且也可以包含任何 Linux 命令。（就如同設定 shell 的指令稿一般。）某些配置設定檔案，由系統管理員定義，並套用於系統範圍內的所有使用者。它們位於目錄 */etc* 中。其他配置設定檔案，由依使用者擁有的權限來做修改。它們位於使用者的家目錄中。表 6-1，列出標準的 bash 配置設定檔案。大概有幾種類型：

啟動檔案

在我們登入時，自動執行的配置設定檔案。也就是說，它們只適用於我們在 login shell 的階段。這個檔案中的命令可能會設定和匯出環境變數。但是，在此檔案中定義別名的用處不大，因為別名不會複製到子行程。

初始化（*init*）檔案

會替每個非 login shell 的執行實體做配置設定。例如，當我們手動執行互動式 shell 或（非互動式）shell 指令稿時。一個例子是初始化檔案命令可能會設定一個變數或定義一個別名。

清理檔案

在 shell 離開之前立即執行的配置設定。此檔案中的命令也許會使用 `clear`，在登出時使螢幕反白。

表 6-1　提供給 bash 的標準配置設定檔案

檔案類型	執行	系統範圍內的位置	個人檔案位置（依照動順序）
啟動檔案	啟動時 login shell	*/etc/profile*	*$HOME/.bash_profile*、*$HOME/.bash_login* 和 *$HOME/.profile*
初始化檔案	互動式 shell（未登入）、在啟動時	*/etc/bash.bashrc*	*$HOME/.bashrc*
	啟動時的 Shell 指令稿	將變數 BASH_ENV 設定為初始化檔案的絕對路徑（例如：BASH_ENV=/usr/local/etc/bashrc）	將變數 BASH_ENV 設定為初始化檔案的絕對路徑（例如：BASH_ENV=/usr/local/etc/bashrc）
清理檔案	login shell 離開時	*/etc/bash.bash_logout*	*$HOME/.bash_logout*

請注意，對於家目錄中的個人啟動檔案，我們有三種選擇（*.bash_profile*、*.bash_login*、*.profile*）。大多數使用者通常會選擇其中一個並持續使用。在 Linux 的發行版中可能已經提供其中之一的檔案，並預先填入（理想情況下）常用的命令。如果我們碰巧執行其他 shell，例如 Bourne shell（*/bin/sh*）或 Korn shell（*/bin/ksh*），情況就會有所不同。這些 shell 還會讀取 *.profile*，並且如果傳遞特定於 bash 的命令，在執行時可能會失敗。建議將特定 bash 的命令放在 *.bash_profile* 或 *.bash_login* 中（同樣，二擇一）。

使用者有時會對個人啟動檔案與初始化檔案，分開成兩個檔案而感到困惑。在多個視窗中為什麼我們希望 login shell 的行為與其他 shell 不同呢？這個答案是，在許多情況下，我們仍然期望它們的行為是相同的。然而個人啟動檔案可能其內容只提供初始化檔案 *$HOME/.bashrc*，因此所有互動式 shell（無論是否登入）的配置設定基本相同。

在其他情況下，我們可能更希望在啟動檔案和初始化檔案之間做好職責分配。例如，個人啟動檔案可能會設定和匯出環境變數，藉以複製給之後的子行程，而 *$HOME/.bashrc* 可能會定義所有別名（但不會複製給子行程）。

另一個考慮因素是我們是否登入到可能隱藏的 login shell，如圖形視窗桌面環境（GNOME、Unity、KDE Plasma 等）。在這種情況下，我們可能不關心 login shell 的行為方式，因為只會與其子行程互動，因此才可以將大部分或全部配置設定放入 *$HOME/.bashrc*[4]。另外，如果我們主要從 SSH 客戶端等非圖形的終端程式登入，那麼將直接與 login shell 互動，因此其配置設定就變得非常重要。

在每一種情況下，將個人啟動檔案作為使用者初始化檔案的來源，通常會是比較合理的：

```
# 放在 $HOME/.bash_profile 或其他個人啟動檔案
if [ -f "$HOME/.bashrc" ]
then
  source "$HOME/.bashrc"
fi
```

無論我們要做什麼，盡量不要將相同的命令，放在兩個不同的設定檔案中。如此很容易造成混淆，而且很難維護，因為我們對一個檔案所做的任何修改都必須與另一個檔案中一致（相信作者所說，大部分的人都會忘記的）。相反，如先前所示，從一個檔案中取得另一個檔案，狀況會好很多。

4 讓事情變得更加混亂的是，一些桌面環境有自己的 shell 配置設定檔案。例如 GNOME 有 *$HOME/.gnomerc*，底層的 X window 系統有 *$HOME/.xinitrc*。

重新讀取配置設定檔案

當我們修改任何啟動或初始化檔案時，可以強制執行的 shell，透過取得檔案重新讀取其中的配置，如第 35 頁的「環境和簡易的初始化設定檔」小節所述：

```
$ source ~/.bash_profile          使用內建的「source」命令
$ . ~/.bash_profile               也可用點字元來操作
```

為什麼存在 source 命令

為什麼要取得配置設定檔案，而不是使用 chmod 讓檔案變成可執行的，並且像 shell 指令稿一樣執行它呢？這是因為指令稿在子行程中執行。指令稿中的任何命令都不會影響我們預期的（父行程）shell。它們只會影響子行程，並且子行程會離開，而我們卻不會因此而有所改變。

與我們的環境一起移動

如果讀者曾在多個裝置上使用 Linux 機器，有時我們可能希望在多台機器上安裝精心製作的配置設定檔案。不要將單一檔案從一台機器複製到另一台。這種方法最終會導致混亂不清。相反，將檔案藉由 GitHub（*https://github.com*）上的免費帳號或具有類似版本控制的軟體開發服務，來儲存及維護。然後，我們可以在任何 Linux 機器上方便且動作一致，進行下載、安裝、更新配置設定檔案。如果在編輯配置設定檔案時出錯，可以透過一兩個命令回溯到之前的版本。版本控制已經超出本書的範圍；請參考第 211 頁的「版本控制應用在日常的檔案中」小節，以獲得更多資訊。

如果讀者不熟悉 Git 或 Subversion 等版本控制系統，也可將配置設定檔案儲存在簡單的檔案服務上，例如 Dropbox、Google Drive 或 One-Drive。反覆更新配置設定檔案不是這麼方便，但至少以上提到的工具或媒介，可以讓我們很容易地將檔案複製到其他 Linux 系統。

總結

作者遇到過許多 Linux 使用者，他們對父、子行程和環境，以及許多 shell 配置設定檔案的用途感到困惑（甚至不清楚）。閱讀本章後，希望大家對所有這些事情都有更清晰的理解。有了這些基礎，才能以靈活方式執行命令，組織成為強大的工具，在接下來的第 7 章中發揮作用。

第七章

11 種執行命令的方法

現在我們對 shell 有了透徹的瞭解，並且工具箱中有很多命令，是時候學習如何執行命令。然而，我們不是從本書一開始就在執行命令了嗎？對！的確如此，但只有兩種方式。首先是普通執行一個簡單的命令：

```
$ grep Nutshell animals.txt
```

第二個是單純的管線命令，如第 1 章所述：

```
$ cut -f1 grades | sort | uniq -c | sort -nr
```

在本章中，將向呈現另外 11 種執行命令的方法，以及為什麼我們應該多留意學習它們。每種技巧各有利弊，當學習的越多，我們與 Linux 互動的靈活性和效率就越高。現在將專注在各種技巧的基本知識；我們將在接下來的兩個章節中看到更複雜的範例。

列表技巧

列表是單一命令列上的一串命令。我們已經看到一種類型的列表：管線，但是 shell 支援其他具有不同行為的列表：

條件項目

　　每個命令都取決於前一個命令的成功或失敗。

無條件項目

　　命令只是一個接著一個執行。

技巧 #1：條件項目

假設我們要在目錄 *dir* 中，建立一個檔案 *new.txt*。傳統的命令過程可能是：

```
$ cd dir            進入目錄
$ touch new.txt     製作檔案
```

請注意第二個命令需要取決於第一個命令的成功。如果目錄 *dir* 不存在，則執行 touch 命令就沒有意義。shell 允許我們明確顯示此依賴關係。透過將運算符號 &&（讀作「and」）將兩個命令放在同一行之中：

```
$ cd dir && touch new.txt
```

然後第二個命令（touch）只有在第一個命令（cd）成功時才執行。前面的範例是兩個命令的**條件項目**（要瞭解命令「成功」的含義，請參考第 121 頁的「運用離開狀態標示成功或失敗」專欄）。

很有可能，我們每天執行的命令都依賴於之前的命令。例如，是否曾經為了妥善保管檔案而製作備份副本，但完成修改原始檔案後，刪除備份？

```
$ cp myfile.txt myfile.safe       備份
$ nano myfile.txt                 改變原來的檔案
$ rm myfile.safe                  刪除備份
```

在這些命令中的每一個，只有在前面的命令成功時才有意義。因此，這個條件項目是串起這些命令的最佳方式：

```
$ cp myfile.txt myfile.safe && nano myfile.txt && rm myfile.safe
```

再舉一個例子，以下命令過程可能很熟悉，如果我們使用版本控制系統 Git 來維護檔案，對某些檔案做修改之後：執行 git add 為交付檔案做準備、再執行 git commit，最後執行 git push 來推送我們交付的修改。如果這些命令中的任何一個失敗，我們將不會執行接下來其餘的命令（直到修復其中失敗的原因）。因此，這三個命令可以用條件項目，妥善的串接在一起：

```
$ git add . && git commit -m"fixed a bug" && git push
```

正如 && 運算符號只有在第一個命令成功時才執行第二個命令一樣，相關的運算符號 ||（讀作「or」）只有在第一個命令失敗時才執行第二個命令。例如，以下命令嘗試進入 *dir* 目錄，如果失敗，則建立 *dir*[1]：

```
$ cd dir || mkdir dir
```

1 命令 mkdir -p dir，只有當目錄路徑不存在時才沿著路徑建立目錄，這是一個更優雅的解決方案。

我們通常會看到運算符號 || 出現在指令稿中，如果發生錯誤則讓指令稿離開：

```
# 如果無法進入目錄則離開，錯誤碼為 1
cd dir || exit 1
```

結合 && 和 || 運算符號，替命令成功或失敗設定更複雜的動作。以下命令會嘗試進入目錄 *dir*，如果失敗，則建立目錄並進入。如果全部失敗，該命令將列印一則失敗訊息：

```
$ cd dir || mkdir dir && cd dir || echo "I failed"
```

條件項目中的命令不必是簡單的命令；它們也可以是管線和其他組合命令。

運用離開狀態標示成功或失敗

Linux 命令的成功或失敗表示什麼？每個 Linux 命令在終止時都會產生一個結果，稱為**離開狀態**（*exit code*）。依照慣例，離開狀態為零表示成功，非零數值表示失敗[2]。透過列印名稱為問號（?）的變數：

```
$ ls myfile.txt
myfile.txt
$ echo $?                          列印 ? 變數的值
0                                  ls 成功
$ cp nonexistent.txt somewhere.txt
cp: cannot stat 'nonexistent.txt': No such file or directory
$ echo $?
1                                  cp 失敗
```

技巧 #2：無條件項目

列表中的命令不必相互依賴。如果用分號隔開命令，它們只會按順序執行。命令的成功或失敗不會影響列表中後面的命令。

作者喜歡在下班後，以無條件項目來啟動臨時的命令。這是一個休眠（什麼都不做），兩個小時（7,200 秒）之後才開始備份重要檔案的程式：

```
$ sleep 7200; cp -a ~/important-files /mnt/backup_drive
```

這裡有一個類似的命令，是一個陽春版本的提醒系統，休眠五分鐘後觸發寄送郵件[3]：

```
$ sleep 300; echo "remember to walk the dog" | mail -s reminder $USER
```

2 這種行為與許多程式編譯語言的做法相反，其中零表示失敗。

3 另外，我們也可以使用 cron 進行備份作業，並使用 at 命令來做提醒，然而 Linux 相當靈活，可以用不同方法來實現相同的結果。

無條件項目是一個便利的功能：它們產生的結果（大部分）與單獨輸入命令，並在每個命令後按 Enter 鍵的操作相同。唯一顯著的差異是跟離開狀態有關。在無條件項目中，各個命令的離開狀態都被丟棄，除了最後一個命令以外。只有列表中最後一個命令的離開狀態，被指定給 shell 中的變數 ?：

```
$ mv file1 file2; mv file2 file3; mv file3 file4
$ echo $?
0                              mv file3 file4 的離開狀態
```

替換技巧

替換（*Substitution*）表示自動用其他文字做替換的命令。以下將說明兩種具有如此強大功能的類型：

命令的替換

　用於替換輸出的命令。

過程的替換

　檔案（某種程度上）被取代的命令。

技巧 #3：命令替換

假設我們有幾千個代表歌曲的文字檔案。每個檔案都包含歌曲名稱、作曲者姓名、專輯名稱及歌詞：

```
Title: Carry On Wayward Son
Artist: Kansas
Album: Leftoverture

Carry on my wayward son
There'll be peace when you are done
⋮
```

我們希望按照作曲家將檔案組織到子目錄中。要手動執行此任務，我們可以使用 `grep` 搜尋 Kansas 的所有歌曲檔案：

```
$ grep -l "Artist: Kansas" *.txt
carry_on_wayward_son.txt
dust_in_the_wind.txt
belexes.txt
```

然後將每個檔案移動到 *kansas* 目錄中：

```
$ mkdir kansas
$ mv carry_on_wayward_son.txt kansas
$ mv dust_in_the_wind.txt kansas
$ mv belexes.txt kansas
```

過程相當乏味。如果我們可以告訴 shell「移動所有包含字串 *Artist: Kansas* 的檔案，到 *kansas* 目錄中。」以 Linux 的話語來說，從前面的 `grep -l` 命令中，取得姓名列表，並轉交給 `mv`。所以需要借助 shell 的**命令替換**功能，我們就可以輕鬆地達成目的：

```
$ mv $(grep -l "Artist: Kansas" *.txt) kansas
```

語法為：

```
$( 放置任何命令 )
```

如此會執行括號內的命令，並用其輸出替換成命令的一部分。因此，在前面的命令中，`grep -l` 的命令輸出被取代成檔案名稱列表，就好像我們輸入以下這樣的檔案名稱：

```
$ mv carry_on_wayward_son.txt dust_in_the_wind.txt belexes.txt kansas
```

每當我們發現自己將一個命令的輸出複製到後面的命令時，通常可以透過命令替換來節省時間。我們甚至可以在命令替換中包含別名，因為過程在 subshell 中執行，甚至包括父行程中別名的副本。

特殊字元和命令替換

前面的 `grep -l` 範例，適用於大多數 Linux 檔案名稱，但不適合用於包含空格或其他特殊字元的檔案名稱。在 shell 將輸出傳遞給 `mv` 之前會計算這些字元，可能會產生意外結果。例如，`grep -l` 列印出 *dust in the wind.txt*，shell 會將空格視為分隔符號，並且 `mv` 會嘗試移動四個不存在的檔案，名稱分別為 *dust*、*in*、*the*、*wind.txt*。

接下來是另一個例子。假設我們以 PDF 格式下載了數年的銀行對帳單。下載的檔案名稱包含報表的年月日，例如 *eStmt_2020-08-26.pdf* 日期為 2021 年 8 月 26 日[4]。倘若想查看當下目錄中的最新狀態。我們可以手動依照以下步驟完成：列出目錄，找到最近日期的檔案（這將是列表中的最後一個檔案），並使用 Linux PDF 檢視工具（如 `okular`）瀏覽它。

---

4 在撰寫本書時，美國銀行的下載報表檔案中就是以此方式命名。

但是為什麼要手動進行這些操作呢？讓命令替換簡化以上的方式。我們要建立一個列印目錄中最新 PDF 檔案名稱的命令：

```
$ ls eStmt*pdf | tail -n1
```

並使用命令替換，將結果提供給 okular：

```
$ okular $(ls eStmt*pdf | tail -n1)
```

ls 命令列出所有的包含 eStmt 檔名的檔案，再透過 tail 列印最後一個，例如 *eStmt_2021-08-26.pdf*。命令替換將單一檔名直接放在命令列上，就好像我們輸入了 okular eStmt_2021-08-26.pdf 一樣。

命令替換的原始語法是反引號（backquote）。以下兩個命令是相等的：

```
$ echo Today is $(date +%A).
Today is Saturday.
$ echo Today is `date +%A`.
Today is Saturday.
```

大多數 shell 都支援反引號。但 $() 語法更容易用於巢狀結構：

```
$ echo $(date +%A) | tr a-z A-Z                    單一
SATURDAY
echo Today is $( echo $(date +%A) | tr a-z A-Z )!  巢狀
Today is SATURDAY!
```

在指令稿中，命令替換的常見用法是將命令的輸出儲存在變數中：

```
VariableName=$( 放一些命令在這裡 )
```

例如，要取得包含 Kansas 歌曲的檔案名稱，並儲存在變數中，請使用以下命令替換：

```
$ kansasFiles=$(grep -l "Artist: Kansas" *.txt)
```

輸出結果可能有多行，因此要保留任何換行符號，此外請確保在使用它的任何地方，用引號包住該數值：

```
$ echo "$kansasFiles"
```

技巧 #4：過程替換

我們剛剛看到的例子，將命令替換為字串形式的輸出。**過程替換**也用命令的輸出替換命令，但將輸出視為儲存在檔案中。這種巨大的差異乍看之下可能令人困惑，所以我們將逐步說明。

假設我們在一個名稱為 *1.jpg* 到 *1000.jpg* 的 JPEG 圖片檔案目錄中，但是有些檔案神秘地消失，想識別出來。使用以下命令產生這樣的目錄：

```
$ mkdir /tmp/jpegs && cd /tmp/jpegs
$ touch {1..1000}.jpg
$ rm 4.jpg 981.jpg
```

要找出消失的檔案，一個糟糕的方法是列出目錄，依照數字排序，然後用眼睛尋找其中的差異：

```
$ ls -1 | sort -n | less
1.jpg
2.jpg
3.jpg
5.jpg              檔案 4.jpg 消失了
⋮
```

另一種更強大、自動化的解決方法是使用 `diff` 命令，將現有檔案名稱從 *1.jpg* 到 *1000.jpg* 列出完整名稱列表，再進行比較。實現此方案的做法是使用臨時檔案。將現有檔案名稱排序後，儲存在一個 *original-list* 的臨時檔案中：

```
$ ls *.jpg | sort -n > /tmp/original-list
```

然後使用 seq 產生 1 到 1000 的整數，並使用 sed 將「.jpg」添加到每一行之中，形成從 *1.jpg* 到 *1000.jpg* 的完整檔案名稱列表，再將結果列印到另一個臨時檔案 *full-list*：

```
$ seq 1 1000 | sed 's/$/.jpg/' > /tmp/full-list
```

使用 `diff` 命令比較兩個臨時檔案，會發現缺少 *4.jpg*、*981.jpg*，然後刪除臨時檔案：

```
$ diff /tmp/original-list /tmp/full-list
3a4
> 4.jpg
979a981
> 981.jpg
$ rm /tmp/original-list /tmp/full-list        完成後刪除臨時檔案
```

這步驟確實很多。直接比較兩個名稱列表，而不透過麻煩的臨時檔案不是很好嗎？這個問題點在於 `diff` 無法比較來自標準輸入的兩個列表；需要轉由透過參數的方式將檔案輸入[5]。過程替換可以解決這個問題。它使兩個列表看起來像是檔案。（第 127 頁的「過程替換的工作原理」專欄中，說明其中的技術細節。）語法為：

```
<( 這裡放置任何命令 )
```

5 從技術角度而言，如果我們提供連字符號作為檔案名稱，`diff` 可以從標準輸入讀取一個列表，但無法讀取兩個列表。

在 subshell 中執行命令並顯示其輸出，就如同它包含在檔案中一般。以下例子表示命令 `ls -1 | sort -n` 的輸出如同它包含在檔案中一樣：

```
<(ls -1 | sort -n)
```

我們可用 `cat` 輸出檔案結果：

```
$ cat <(ls -1 | sort -n)
1.jpg
2.jpg
⋮
```

也可以使用 `cp` 複製到檔案中：

```
$ cp <(ls -1 | sort -n) /tmp/listing
$ cat /tmp/listing
1.jpg
2.jpg
⋮
```

正如現在看到的，可以將檔案與另一個檔案進行比較。我們從產生兩個臨時檔案的命令開始：

```
ls *.jpg | sort -n
seq 1 1000 | sed 's/$/.jpg/'
```

運用過程替換，讓 `diff` 將它們視為檔案，並且將獲得與先前相同的輸出，但流程中不使用臨時檔案：

```
$ diff <(ls *.jpg | sort -n) <(seq 1 1000 | sed 's/$/.jpg/')
3a4
> 4.jpg
979a981
> 981.jpg
```

接著透過 `grep` 搜尋以 `>` 符號作為開頭的行，並使用 `cut` 去除前兩個字元來整理輸出的結果，然後就可以獲得消失檔案的報告：

```
$ diff <(ls *.jpg | sort -n) <(seq 1 1000 | sed 's/$/.jpg/') \
    | grep '>' \
    | cut -c3-
4.jpg
981.jpg
```

過程替換改變了我們使用命令列的方式。從一開始自磁碟中讀取檔案的命令，瞬間轉由從標準輸入讀取。透過練習，以前看似不可能的命令將變得容易。

過程替換的工作原理

當 Linux 作業系統開啟一個磁碟檔案時，會產生一個稱為檔案描述子（*file descriptor*）的整數，表示該檔案。過程替換透過執行命令，並將其輸出與檔案描述子相互連動來模擬檔案，因此從存取輸出的程式角度來看，資料似乎位於磁碟檔案中。我們可以使用 echo 檢視檔案描述子：

```
$ echo <(ls)
/dev/fd/63
```

在這種情況下，<(ls) 的檔案描述子是 63，位於系統目錄 */dev/fd* 中被追蹤。

有趣的是：stdin、stdout 和 stderr 分別由檔案描述子 0、1 和 2 所表示。這就是為什麼 stderr 的重新導向，使用 2> 這樣的語法。

表示式 <(…)，會建立一個用於讀取的檔案描述子。另一個類似的表示式 >(…) 建立了一個用於寫入的檔案描述子，但 25 年來作者從來不曾使用它。

過程替換是一種非 POSIX 功能，可能會在讀者的 shell 中無法使用。要在目前 shell 中開啟非 POSIX 功能，請執行 `set +o posix`。

命令作為字串的技巧

其實每個命令都是一個字串，但有些命令比其他命令更「字串化」。接下來將展示幾種建構字串的技巧，一段一段的構築字串，然後將字串作為命令來執行：

- 將命令作為參數傳遞給 bash
- 將管線命令作為 bash 的標準輸入
- 使用 ssh 向另一台主機發送命令
- 使用 xargs 執行一連串命令

以下的技巧可能存在某種風險，因為它們會將看不見的文字，傳送給 shell 來執行。永遠不要盲目地進行。在執行之前，需要好好理解其中的文字內容（並相信資料的來源）。我們不想錯誤執行「`rm -rf $HOME`」這一類的字串，這會清除所有檔案。

技巧 #5：將命令作為參數傳遞給 bash

bash 是一個普通命令，與任何其他一樣，如第 108 頁的「Shell 是可執行檔案」小節所述，因此我們可以在命令列上輸入檔名來執行。預設情況下，執行 bash 會啟動一個互動式 shell，用於輸入和執行命令，正如我們所見。另外，也可以透過 -c 選項將命令作為字串傳遞給 bash，並將該字串作為命令執行後自行離開：

```
$ bash -c "ls -l"
-rw-r--r-- 1 smith smith 325 Jul  3 17:44 animals.txt
```

這樣有什麼幫助？因為新的 bash 行程是一個擁有自己環境的子行程，包括當下目錄、帶有相關數值的變數等等。對 subshell 的任何修改，都不會影響我們目前正在執行的 shell。以下是一個 bash -c 命令，會將目錄修改為 */tmp* 剛好足夠刪除檔案，然後離開：

```
$ pwd
/home/smith
$ touch /tmp/badfile                    建立一個臨時檔案
$ bash -c "cd /tmp && rm badfile"
$ pwd
/home/smith                             當下目錄不變
```

然而，命令 bash -c 會是漂亮且具有意義的作法，尤其是當我們以超級使用者身分執行某些命令時。具體來說，sudo 和輸入、輸出重新導向的組合產生了一個有趣（有時令人抓狂）的情況，其中 bash -c 是成功的關鍵。假設想在系統目錄 */var/log* 中，建立一般使用者不可寫入的日誌檔案。所以執行以下 sudo 命令，會被要求需要超級使用者權限才能夠建立日誌檔案，因而失敗：

```
$ sudo echo "New log file" > /var/log/custom.log
bash: /var/log/custom.log: Permission denied
```

思考一下，sudo 應該允許我們在任何地方建立任何檔案。這個命令怎麼可能失敗呢？甚至為什麼 sudo 不向我們顯示提示符號輸入密碼？答案是：因為 sudo 根本沒有執行。我們將 sudo 套用在 echo 命令，但輸出並未重新導向，使得輸出執行失敗了。更詳細地說：

1. 我們按了 Enter。
2. shell 開始計算整個命令，包括重新導向（>）。
3. shell 試圖在存取受保護的 */var/log* 目錄中建立 *custom.log* 檔案。
4. 然而我們沒有寫入 */var/log* 的權限，因此 shell 放棄，並列印「Permission denied」的訊息。

這就是 sudo 從未執行的原因。要解決這個問題，我們需要告訴 shell：「以超級使用者身分執行整個命令，包括輸出重新導向。」這正是 bash -c 能夠妥善解決的情況。將要執行的命令建構為字串：

```
'echo "New log file" > /var/log/custom.log'
```

並將這樣的字串作為參數傳遞給 sudo bash -c：

```
$ sudo bash -c 'echo "New log file" > /var/log/custom.log'
[sudo] password for smith: xxxxxxxx
$ cat /var/log/custom.log
New log file
```

這次，我們不再用 echo，而是以超級使用者身分執行 bash，並且 bash 將整個字串作為命令執行。然後成功重新導向。每當我們將 sudo 與重新導向結合在一起時，請記住此技巧。

技巧 #6：將命令透過管線傳遞給 bash

shell 讀取我們在標準輸入中，輸入的每個命令。這表示著 bash 程式也可以與管線做結合。例如，列印字串「ls -l」並將其透過管線傳遞給 bash，然後 bash 會將字串視為命令執行它：

```
$ echo "ls -l"
ls -l
$ echo "ls -l" | bash
-rw-r--r-- 1 smith smith 325 Jul  3 17:44 animals.txt
```

請記住，永遠不要盲目地將文字透過管線傳遞給 bash。而且需要留意我們在執行什麼。

當我們需要連續執行許多相似的命令時，這種技巧會非常有用。如果可以將命令列印為字串，再將字串透過管線傳遞給 bash 來執行。假設我們在一個有很多檔案的目錄中，想依照檔案的第一個字元將它們組織到子目錄中。將一個名為 *apple* 的檔案移動到 *a* 的子目錄，將一個名為 *cantaloupe* 的檔案將移動到 *c* 的子目錄，以此類推[6]（為簡單起見，我們假設所有檔案名稱都以小寫字母開頭，並且不包含空格或特殊字元）。

6 此目錄結構類似於雜湊表（hashtable）。

首先，列出檔案、排序。假設所有名稱的長度至少為兩個字元（與樣式 ??* 做比對），因此我們的命令不會與 *a* 到 *z* 的子目錄有所衝突：

```
$ ls -1 ??*
apple
banana
cantaloupe
carrot
⋮
```

透過大括號擴展，來建立我們需要的 26 個子目錄：

```
$ mkdir {a..z}
```

現在產生我們需要的 mv 字串作為命令。從 sed 的正規表示式開始，將擷取檔案名稱的第一個字元為表示式 #1（\1）：

```
^\(.\)
```

擷取檔案名稱的其餘部分作為表示式 #2（\2）：

```
\(.*\)$
```

兩個正規表示式連在一起：

```
^\(.\) \(.*\)$
```

現在使用 *mv* 後面緊接著一個空格、完整檔案名稱（\1\2）、另一個空格和第一個字元（\1）組成一個 mv 命令：

```
mv \1\2 \1
```

最後產生完整的命令是：

```
$ ls -1 ??* | sed 's/^\(.\)\(.*\)$/mv \1\2 \1/'
mv apple a
mv banana b
mv cantaloupe c
mv carrot c
⋮
```

它的輸出恰好是包含我們需要的 mv 命令。檢視輸出結果，來確認是正確的命令，也許透過管線傳輸到 less 得以逐頁瀏覽：

```
$ ls -1 ??* | sed 's/^\(.\)\(.*\)$/mv \1\2 \1/' | less
```

當我們對產生正確的命令感到滿意時，將輸出透過管線傳輸給 bash 執行：

```
$ ls -1 ??* | sed 's/^\(.\)\(.*\)$/mv \1\2 \1/' | bash
```

我們剛剛完成的步驟是一個可重複的運作模式：

1. 透過操作字串列印一系列命令。
2. 使用 less 檢視結果以查核其正確性。
3. 將結果透過管線傳遞給 bash。

技巧 #7：使用 ssh 遠端執行字串

免責聲明：僅當我們熟悉用於登入遠端主機的 SSH（Secure Shell）時，此技巧才顯得更有意義。在主機之間建立 SSH 過程，已超出本書的範圍；要學習更多資訊，請搜尋 SSH 教學。此外，登入遠端主機最常用的作法：

```
$ ssh myhost.example.com
```

我們還可以在遠端主機上執行單一命令，透過在命令列上將字串傳遞給 ssh。只需將字串附加到 ssh 命令列的其餘部分：

```
$ ssh myhost.example.com ls
remotefile1
remotefile2
remotefile3
```

這種技巧通常比登入、執行命令和登出來得更快。如果命令包含需要在遠端主機上進行計算的特殊字元，例如重新導向符號，則需要使用引號或轉義符號。否則，將由我們的本地端的 shell 進行計算。以下兩個命令都在遠端執行 ls，但輸出重新導向發生在不同的主機上：

```
$ ssh myhost.example.com ls > outfile        在本地主機上產生輸出檔案
$ ssh myhost.example.com "ls > outfile"      在遠端主機上產生輸出檔案
```

我們還可以將命令，透過管線傳輸到 ssh，藉以在遠端主機上執行它們，就像將它們透過管線傳輸到 bash，如同在本地端執行一樣：

```
$ echo "ls > outfile" | ssh myhost.example.com
```

當透過管線將命令發送到 ssh 時，遠端主機可能會列印錯誤或其他訊息。這些通常不會影響遠端命令，我們可以忽略它們：

- 如果我們看到有關虛擬終端介面或虛擬的 tty 訊息，例如：「Pseudo-terminal will not be allocated because stdin is not a terminal.」，請執行帶有 -T 選項的 ssh，來阻止遠端 SSH 伺服器配置終端介面：

```
$ echo "ls > outfile" | ssh -T myhost.example.com
```

- 如果我們看到登錄時一般會出現的歡迎訊息「Welcome to Linux!」或其他不需要的訊息，請嘗試明確告訴 ssh 在遠端主機上執行 bash，這些訊息應該會消失：

```
$ echo "ls > outfile" | ssh myhost.example.com bash
```

技巧 #8：使用 xargs 執行命令列表

許多 Linux 使用者，從未曾聽說過 xargs 命令，但它是建構和執行多個類似命令的強大工具。學習 xargs 是作者在 Linux 教育生涯中的另一個轉捩點，希望讀者也是如此。

xargs 接受兩個輸入：

- 在標準輸入中：提供以空格分隔的字串列表。一個例子是由 ls 或 find 產生的檔案路徑，但其實任何字串都可以。作者將它們稱為**輸入字串**（*input string*）。
- 在命令列中：填入一些缺少參數的不完整命令，作者將其稱為**命令樣板**（*command template*）。

xargs 合併輸入字串和命令樣板，用來產生並執行新的、完整命令，作者將其稱為**產生的命令**（*generated commands*）。接著將用一個好玩有趣的範例來示範這個過程。假設我們在一個包含三個檔案的目錄中：

```
$ ls -1
apple
banana
cantaloupe
```

將目錄列表透過管線傳遞給 xargs 作為其輸入字串，並提供 wc -l 作為命令樣板，如下所示：

```
$ ls -1 | xargs wc -l
3 apple
4 banana
1 cantaloupe
8 total
```

正如先前所述，xargs 將 wc -l 命令樣板套用於每個輸入字串，計算每個檔案中的行數。相同的倘若要使用 cat 列印這三個檔案，只需將命令樣板修改為「cat」：

```
$ ls -1 | xargs cat
```

這個 xargs 的簡單範例有兩個缺點，一個是嚴重的，一個是實際的。致命的缺點是，如果輸入字串包含特殊字元（例如空格），可能會造成 xargs 執行錯誤的操作。第 134 頁的「安全的使用 find 和 xargs」專欄中，提供了一些可靠的解決方案。

實際的缺點是，其實在這個例子中並不需要 xargs；我們改以使用檔案樣式比對，能更簡單地完成相同的任務：

```
$ wc -l *
3 apple
4 banana
1 cantaloupe
8 total
```

那為什麼要使用 xargs 呢？當輸入的字串比簡單的目錄列表更有變化時，它的力量就會顯現出來。假設我們要計算目錄*以及其所有子目錄*中（遞迴），所有檔案的行數，但僅限檔名以 *.py* 結尾的 Python 原始碼。使用 find 命令很容易產生這樣檔案路徑的列表：

```
$ find . -type f -name \*.py -print
fruits/raspberry.py
vegetables/leafy/lettuce.py
⋮
```

現在利用 xargs，可以將命令樣板 wc -l，套用於每個檔案路徑，進一步產生遞迴結果，否則很難達成任務。為了安全起見，我們會將選項 -print 替換成 -print0，並將 xargs 替換成 xargs -0，這些原因在第 134 頁的「安全的使用 find 和 xargs」專欄中有詳細的解釋：

```
$ find . -type f -name \*.py -print0 | xargs -0 wc -l
6 ./fruits/raspberry.py
3 ./vegetables/leafy/lettuce.py
⋮
```

透過組合 find、xargs，我們可以在檔案系統中給予任何命令遞迴執行，過程中只會影響符合我們規定條件的檔案（或目錄）。在某些情況下，我們也可以單獨使用 find 的選項 -exec，產生相同的效果，但使用 xargs 通常是更乾淨的解決方案。

xargs 有許多選項（請參考 man xargs）控制如何建立、執行產生的命令。依作者觀察，最重要的除了 -0 選項外，再來就是 -n、-I。其中 -n 選項控制 xargs 將多少參數附加到每個產生的命令上。預設動作是在 shell 的限制範圍內，盡可能附加多個參數[7]：

---

7 精確的數字取決於我們在 Linux 系統上對長度的限制；參考 man xargs。

```
$ ls | xargs echo                    盡可能多地適應輸入字串：。
apple banana cantaloupe carrot         echo apple banana cantaloupe carrot
$ ls | xargs -n1 echo                每個 echo 命令有一個參數：
apple                                  echo apple
banana                                 echo banana
cantaloupe                             echo cantaloupe
carrot                                 echo carrot
$ ls | xargs -n2 echo                每個 echo 命令有兩個參數：
apple banana                           echo apple banana
cantaloupe carrot                      echo cantaloupe carrot
$ ls | xargs -n3 echo                每個 echo 命令三個參數：
apple banana cantaloupe                echo apple banana cantaloupe
carrot                                 echo carrot
```

安全的使用 find 和 xargs

同時使用 `find`、`xargs` 時，請不要單獨使用 `xargs`，改換使用 `xargs -0`（連字符號緊接著數字零）來防止輸入字串中出現意外的特殊字元。將它與 `find -print0`（而不是 `find -print`）配對產生輸出：

```
$ find 選項 ... -print0 | xargs -0 選項 ...
```

通常 `xargs` 會希望輸入的字串以空格分隔，例如換行符號。當輸入字串本身包含其他空格時，例如帶有空格的檔案名稱，這時就會出現問題。預設情況下，`xargs` 會將這些空格視為輸入分隔符號，並對不完整的字串進行操作，因此產生不正確的結果。例如，將一行 *prickly pear.py* 輸入，`xargs` 會將其視為兩個輸入字串，可能會看到如下的錯誤：

```
prickly: No such file or directory
pear.py: No such file or directory
```

為避免這樣的問題，請使用 `xargs -0`（注意是數字零）接受不同的字元作為輸入分隔符號，即空字元（ASCII 的 0）。空字元很少出現在文字中，因此成為輸入字串的理想且明確的分隔符號。

如何使用空字元而非換行符號，作為輸入字串的分隔符號？幸運的是，`find` 有一個選項 `-print0` 可以做到這一點，要留意不是 `-print`。

不巧的是 `ls` 命令沒有可控制輸出與空字元分隔的選項，因此作者之前舉例 `ls` 的簡單範例其實並不安全。但我們可以透過 `tr` 將換行符號轉換為空字元：

```
$ ls | tr '\n' '\0' | xargs -0 ...
```

或者使用以下這個方便的別名來列印出當下目錄，每個一項資料都由空字元分隔，並且適合套用於管線至 xargs：

```
alias ls0="find . -maxdepth 1 -print0"
```

其中 -I 選項，控制著輸入字串在產生的命令中所出現的位置。預設情況下，它們會附加到命令樣板，但我們可以調整出現的地方。在 -I 後面加上任何字串（由使用者選擇），該字串將成為命令樣板中的佔位符號，準確標示出應該插入字串的輸入位置：

```
$ ls | xargs -I XYZ echo XYZ is my favorite food      使用 XYZ 作為佔位符號
apple is my favorite food
banana is my favorite food
cantaloupe is my favorite food
carrot is my favorite food
```

例子中任意選擇「XYZ」作為輸入字串的佔位符號，並將其放置在 echo 命令之後，表示將輸入字串移動到每行輸出的開頭。請注意，-I 選項將 xargs 限制在每次產生一個命令的輸入字串。建議讀者翻閱一下 xargs 的 manpage，以瞭解我們還可以控制哪些東西。

冗長參數項目

當命令列內容變得很長時，xargs 是一個問題解決工具。假設我們的目錄下包含一百萬個檔案，*file1.txt* 到 *file1000000.txt*，並且還嘗試透過樣式比對來刪除它們：

```
$ rm *.txt
bash: /bin/rm: Argument list too long
```

樣式比對 *.txt 計算，其結果超過 1400 萬個字元的字串，這長度比 Linux 所支援的還要長。要解決此限制，請將檔案列表透過管線傳到 xargs 以進行刪除。xargs 將跨多個 rm 命令將檔案列表拆分開來。此外，將完整的目錄列表傳遞給 grep，用來形成檔案列表，而且只比對以 *.txt* 做結尾的檔案名稱，最後傳遞給 xargs：

```
$ ls | grep '\.txt$' | xargs rm
```

雖然這樣的解決方式會優於（ls *.txt），但仍會產生相同的「Argument list too long」錯誤。更好的方式，如第 134 頁的「安全的使用 find 和 xargs」專欄中所述，執行 find -print0：

```
$ find . -maxdepth 1 -name \*.txt -type f -print0 \
  | xargs -0 rm
```

過程控制的技巧

到目前為止，先前討論的所有命令都佔用父行程 shell，會持續執行直到它們完成。讓我們考慮幾種與父行程 shell 建立不同關係的技術：

背景命令

　立即回傳提示符號，並在看不見的地方持續執行

明確的 *subshell*

　可以在過程中呼叫合成的命令

行程替換

　取代父行程 shell

技巧 #9：背景命令

到目前為止，我們所有的技巧都是需要使用者在同一時間，等待命令執行完成，然後顯示下一個 shell 提示符號。但其實我們無須等待，尤其是那些需要很長時間的命令。我們透過特殊方式啟動命令，從視線（某種程度上來說）消失但仍繼續執行，立即釋放目前的 shell，以執行更多命令。這種技巧稱為**背景命令**或**在背景執行命令**（*background command*）。相反，會佔用 shell 的命令稱為**前景命令**（*foreground command*）。一個 shell 實體，一次最多執行一個前景命令，加上任意數量的背景命令。

在背景啟動命令

要在背景執行命令，只需在末端附加一個和符號（&）。shell 會用一則看似神祕的訊息做回應，表示該命令已在背景執行，並顯示下一個提示符號：

```
$ wc -c my_extremely_huge_file.txt &        計算一個大檔案中的字元數
[1] 74931                                   神祕的訊息
$
```

然後我們就可以繼續在目前的 shell 中執行前景命令（或更多背景命令）。背景命令的輸出可能隨時出現，甚至在我們輸入過程中也是如此。如果背景命令成功執行完成，shell 將透過 *Done* 訊息做通知：

```
59837483748 my_extremely_huge_file.txt
[1]+  Done                    wc -c my_extremely_huge_file.txt
```

如果它失敗了，我們將看到一則帶有離開狀態的 *Exit* 訊息：

```
[1]+  Exit 1                 wc -c my_extremely_huge_file.txt
```

&& 和 || 也是一個項目運算符號，如：

```
$ command1 & command2 & command3 &      所有 3 個命令
[1] 57351                              在背景執行
[2] 57352
[3] 57353
$ command4 & command5 & echo hi        全部在背景執行
[1] 57431                              但是「echo」會顯示訊息
[2] 57432
hi
```

暫停命令並送到背景

相關技巧是在執行前景命令過程中改變心意，然後將其送至背景。按下 Ctrl-Z 會暫時停止命令，稱為**暫停命令**（*suspending*），並回到 shell 提示符號；之後輸入 `bg` 可以恢復在背景執行的命令。

工作與控制的方法

背景命令被稱為**工作控制**（*job control*），是 shell 功能的一部分，以各種方式操作正在執行的命令，例如背景執行、暫停和恢復執行。在 shell 中執行的命令其單一實體，稱為一個**工作**（*job*），這是 shell 的基本單元。無論是簡單的命令、管線或是條件項目都是工作的例子；基本上任何我們可以在命令列執行的東西。

工作不僅僅是 Linux 行程。一個工作可能由一個行程、兩個行程或更多行程所組成。例如，一個管線中包含六個程式，這（至少）是六個行程的工作。工作是 shell 所建構的。Linux 作業系統不會追蹤工作，只追蹤更底層的行程。

在任何時候，一個 shell 都可能有多個工作在執行。每個工作在 shell 中都有指定一個正整數 ID，稱為工作 ID 或工作編號。當我們在背景執行命令時，shell 會列印工作編號和它在工作中執行的第一個行程的 ID。在以下命令中，工作編號為 1，行程 ID 是 74931：

```
$ wc -c my_extremely_huge_file.txt &
[1] 74931
```

常見的工作控制操作

shell 具有內建命令用於控制工作，如表 7-1 所示。接著將透過執行一堆工作，並操控它們來示範最常見的例子。為了使工作更簡單、可預測，我們將執行命令 `sleep`，它會在指定的秒數內什麼都不做，然後離開。例如，`sleep 10` 睡眠 10 秒。

表 7-1　工作控制命令

命令	意義
`bg`	將目前暫停的工作移至背景運作
`bg % n`	將暫停的工作編號 *n* 移到背景運作（例如：`bg %1`）
`fg`	將目前背景的工作移至前景運作
`fg % n`	將背景編號 *n* 的工作，移到前景運作（例如：`fg %2`）
`kill % n`	終止背景編號 *n* 的工作（例如：`kill %3`）
`jobs`	檢視 shell 目前的工作

在背景執行工作並自動執行完成：

```
$ sleep 20 &                          在背景執行
[1] 126288
$ jobs                                列出這個 shell 的工作
[1]+  Running            sleep 20 &
$
... 直到最後 ...
[1]+  Done               sleep 20
```

工作完成後，完成（*Done*）的訊息可能不會出現，直到我們再次按 Enter。

執行背景工作，並將其置於前景：

```
$ sleep 20 &                          在背景執行。
[1] 126362
$ fg                                  在背景執行
sleep 20
... 直到最後 ...
$
```

執行一個前景工作，接著暫停，然後將它帶回到前景：

```
$ sleep 20                                    在前景執行
^Z                                            暫停工作
[1]+  Stopped              sleep 20
$ jobs                                        列出這個 shell 的工作
[1]+  Stopped              sleep 20
$ fg                                          置於前景運作
sleep 20
...直到最後...
[1]+  Done                 sleep 20
```

執行前景工作，並將其送到背景：

```
$ sleep 20                                    在前景執行
^Z                                            暫停工作
[1]+  Stopped              sleep 20
$ bg                                          移到背景
[1]+ sleep 20 &
$ jobs                                        列出這個 shell 的工作
[1]+  Running              sleep 20 &
$
...直到最後...
[1]+  Done                 sleep 20
```

同時處理多個背景工作。透過以百分號作為開頭的工作編號（%1、%2 等）來對應命令工作：

```
$ sleep 100 &                                 在背景執行 3 個命令
[1] 126452
$ sleep 200 &
[2] 126456
$ sleep 300 &
[3] 126460
$ jobs                                        列出這個 shell 的工作
[1]   Running              sleep 100 &
[2]-  Running              sleep 200 &
[3]+  Running              sleep 300 &
$ fg %2                                       將編號 2 的工作，置於前景
sleep 200
^Z                                            暫停編號 2 的工作
[2]+  Stopped              sleep 200
$ jobs                                        檢視編號 2 的工作，已被暫停
[1]   Running              sleep 100 &
[2]+  Stopped              sleep 200
[3]-  Running              sleep 300 &
$ kill %3                                     終止編號 3 的工作
[3]+  Terminated           sleep 300
```

```
$ jobs                                      看到編號 3 的工作消失了
[1]-  Running              sleep 100 &
[2]+  Stopped              sleep 200
$ bg %2                                     在背景恢復暫停編號 2 的工作
[2]+ sleep 200 &
$ jobs                                      看到編號 2 的工作再次執行
[1]-  Running              sleep 100 &
[2]+  Running              sleep 200 &
$
```

背景的輸出與輸入

在背景命令執行的結果可能會寫至標準輸出，有時寫入的時機不對，會令人感到困惑和不便。注意如果我們對 Linux 字典檔案（約 100,000 多行）進行排序，並在背景列印前兩行內容會發生什麼事情。正如預期的那樣，shell 立即列印工作編號（1）、行程 ID（81089）和下一個提示符號：

```
$ sort /usr/share/dict/words | head -n2 &
[1] 81089
$
```

如果我們等到工作完成，會在 stdout 上列印最後兩行的結果，無論當時我們的游標在那個位置。在這種情況下，倘若游標位於第二個提示符號的位置，我們會得到這樣看起來很草率的輸出：

```
$ sort /usr/share/dict/words | head -n2 &
[1] 81089
$ A
A's
```

按 Enter，shell 將列印一則「job done」訊息：

```
[1]+  Done                 sort /usr/share/dict/words | head -n2
$
```

背景工作的螢幕輸出，會在執行時期隨時出現。為避免這種混亂狀況，可以將 stdout 重新導向到一個檔案，然後等空閒時再回頭檢查檔案：

```
$ sort /usr/share/dict/words | head -n2 > /tmp/results &
[1] 81089
$
[1]+  Done                 sort /usr/share/dict/words | head -n2 > /tmp/results
$ cat /tmp/results
A
A's
$
```

當背景工作試圖從 stdin 讀取資料時，還會發生其他奇怪的事情。shell 會暫停工作，列印一則 *Stopped* 訊息，並在背景等待輸入。我們透過不帶參數的在背景執行 cat 讀取標準輸入，來證明這一點：

```
$ cat &
[1] 82455
[1]+  Stopped                 cat
```

在背景的工作無法讀取輸入，因此需要使用 fg 將工作帶到前景，然後提供資料輸入：

```
$ fg
cat
Here is some input
Here is some input
⋮
```

提供輸入的資料後，執行以下任何一個操作：

- 繼續在前景執行命令直到完成。
- 透過按下 Ctrl-Z 再次暫停命令並且傳到背景，然後按 bg。
- 使用 Ctrl-D 結束輸入，或使用 Ctrl-C 終止命令。

背景提示

背景執行非常適合需要長時間運作的命令，例如需要長時間處於執行階段的文字編輯器，或任何需要自行再開啟額外視窗執行的程式。例如，程式設計師可以透過暫停手邊的文字編輯器，而非離開工作階段，如此可節省大量時間。作者曾經見過有工程師，在文字編輯器中修改一些程式碼，儲存並且離開編輯器，再進行程式碼測試，然後重新開啟編輯器，試圖尋找當時離開程式碼中位置。每次離開編輯器做切換時，他們大概都會損失 10-15 秒的工作時間。如果改以暫停編輯器（Ctrl-Z），馬上測試修改過的程式碼，然後恢復編輯器（fg），如此就可以避免不必要地時間浪費。

背景也非常適合用於條件項目，並且在背景執行一連串命令。如果項目中有任何命令執行失敗，其餘命令將不會執行並且工作視為完成。（需留意讀取輸入的命令是否能正常運作，因為它們會導致工作暫停，並等待輸入。）

```
$ command1 && command2 && command3 &
```

技巧 #10：明確的 subshell

每次啟動一個簡單命令時，都會在子行程中執行，正如我們在第 110 頁的「父行程和子行程」小節中所見。命令與行程替換建立 subshell。然而，有時明確啟動一個額外的 subshell 是比較好的處理方式。為此，只需將命令用括號包裹在其中，並在 subshell 中執行：

```
$ (cd /usr/local && ls)
bin    etc    games    lib    man    sbin    share
$ pwd
/home/smith                    "cd /usr/local" 出現在 subshell 中執行
```

當套用在整個命令時，這種技巧就顯得不是很有用，雖然可讓我們免於執行兩次 cd 命令，切換回到之前的目錄。但是，如果將括號放在一部分組合命令的周圍，則可執行一些有用的技巧。一個典型的例子是在執行過程中，改變管線的目錄。假設我們已經下載一個壓縮的 tar 檔案 *package.tar.gz*，並且想要解壓這個檔案。用於提取檔案的 tar 命令是：

```
$ tar xvf package.tar.gz
Makefile
src/
src/defs.h
src/main.c
⋮
```

提取的過程是相對於當下目錄在進行的[8]。【備註 8】如果我們想把它們解壓縮到不同的目錄該怎麼辦？一般的作法是先 cd 到另一個目錄，並執行 tar（然後 cd 切換回來），然而我們也可以使用單一命令執行此任務。操作的訣竅是將 tar 數據資料透過管線傳輸到執行目錄，並執行 tar 的 subshell，因為它從 stdin 讀取[9]：

```
$ cat package.tar.gz | (mkdir -p /tmp/other && cd /tmp/other && tar xzvf -)
```

此技巧也適用於使用兩個 tar 行程，將檔案從一個目錄 *dir1* 複製到另一個現有目錄 *dir2* 中，一個寫入 stdout，一個從 stdin 讀取：

```
$ tar czf - dir1 | (cd /tmp/dir2 && tar xvf -)
```

同樣的技巧可以用在 SSH 上，將檔案複製到另一台主機上的現有目錄：

```
$ tar czf - dir1 | ssh myhost '(cd /tmp/dir2 && tar xvf -)'
```

---

8 假設 tar 存檔是使用相對路徑，而非絕對路徑來建立的，並且下載的軟體也需要配合。

9 使用 tar 選項 -C 或 --directory 可以更簡單地解決這個特定問題，後者選項可以指定目錄。而作者的目的只是在示範使用 subshell 的一般技巧。

哪些技巧可以建立 subshell？

本章中的許多技巧都會啟動一個 subshell，繼承父行程環境（變數及其數值）以及其他 shell 的內容，例如別名。反觀其他技巧，只啟動一個子行程。區分它們的最簡單方法是判斷 BASH_SUBSHELL 環境變數，對於 subshell 其值為非零，否則為零。更多詳細內容在第 114 頁的「子行程的 shell 與 Subshell」小節中。

```
$ echo $BASH_SUBSHELL                普通執行
0                                    不是 subshell
$ (echo $BASH_SUBSHELL)              明確的 subshell
1                                    是 subshell
$ echo $(echo $BASH_SUBSHELL)        命令替換
1                                    是 subshell
$ cat <(echo $BASH_SUBSHELL)         行程替換
1                                    是 subshell
$ bash -c 'echo $BASH_SUBSHELL'      bash -c
0                                    不是 subshell
```

一般人很容易將 bash 括號看作是將命令簡單的組合在一起，就像算術中的括號一樣。但事實上並非如此。每對括號都會啟動一個 subshell。

技巧 #11：行程替換

通常，當我們執行一個命令時，是在一個單獨的 shell 行程中執行它，在命令行程離開時被銷毀，如第 110 頁的「父行程和子行程」小節中所述。我們可以使用一個 shell 內建命令 exec，修改這樣的行為。它可將另一個命令（亦可視為一個行程）替換正在執行的 shell（行程）。當新的命令離開時，不會有 shell 提示符號，因為原來的 shell 已經不存在了。

為了示範這一點，手動執行一個新的 shell，並修改它的提示符號：

```
$ bash                    執行子 shell。
$ PS1="Doomed> "          修改新 shell 的提示符號
Doomed> echo hello        執行我們喜歡的任何命令
hello
```

現在執行以下命令並觀察新的 shell 被銷毀：

```
Doomed> exec ls          ls 替換子行程 shell，執行並離開
animals.txt
$                        來自於（父行程）shell 的提示符號
```

執行 *exec* 可能會有無法挽回的錯誤

如果在 shell 中執行 exec，則結束後就離開 shell。如果在終端視窗中執行，則該視窗將關閉。如果 shell 是 login shell，使用者將被登出。

回過頭要問，為什麼我們需要執行 exec？原因是希望在不啟動第二個行程的情況下來節省資源。Shell 指令稿有時會透過，在指令稿中最後的命令上執行 exec，藉此來進行優化。如果指令稿會被多次執行（例如，執行數百萬或數十億次），節省下來的資源可能相對會是值得的。

exec 還有第二個能力，可以為目前 shell 重新指定 stdin、stdout 和 stderr。這在 shell 指令稿中最常用到，例如將資訊列印到檔案 */tmp/outfile* 的範例：

```
#!/bin/bash
echo "My name is $USER"                               > /tmp/outfile
echo "My current directory is $PWD"                   >> /tmp/outfile
echo "Guess how many lines are in the file /etc/hosts?" >> /tmp/outfile
wc -l /etc/hosts                                      >> /tmp/outfile
echo "Goodbye for now"                                >> /tmp/outfile
```

並不是將每個命令的輸出單獨重新導向到 */tmp/outfile*，而是使用 exec，將整個指令稿的標準輸出重新導向到 */tmp/outfile*。後續的命令可以很簡單的列印到標準輸出：

```
#!/bin/bash
# 重新導向此指令稿的標準輸出
exec > /tmp/outfile2
# 所有後續命令輸出到 /tmp/outfile2
echo "My name is $USER"
echo "My current directory is $PWD"
echo "Guess how many lines are in the file /etc/hosts?"
wc -l /etc/hosts
echo "Goodbye for now"
```

執行這個指令稿，並檢視檔案 */tmp/outfile2* 的結果：

```
$ cat /tmp/outfile2
My name is smith
My current directory is /home/smith
Guess how many lines are in the file /etc/hosts?
```

```
122 /etc/hosts
Goodbye for now
```

我們可能不會經常使用 exec，但會在需要時出現。

總結

現在我們有 13 種執行命令的技巧，本章中有 11 種、加上簡單的命令和管線。表 7-2，回顧不同技巧的一些常見案例。

表 7-2　執行命令的常用案例

問題	解決方案
將標準輸出從一個程式轉送到另一個程式的標準輸入	管線
將輸出（stdout）安插命令	命令替換
不從標準輸入讀取資料，但讀取磁碟檔案的命令提供輸出（stdout）	行程替換
執行一個字串作為命令	bash -c 或使用管線傳給 bash
在 stdout 上列印多個命令	使用管線傳給 bash
不從標準輸入讀取資料，但讀取行程替換磁碟檔案的命令提供輸出（stdout）並執行它們	連續執行數個類似的命令 xargs 或將命令建構為字串，並將透過管線傳遞給 bash
維護相互依賴的命令執行成功	條件項目
一次執行多個命令	背景執行
一次執行多個命令，並且取決於彼此的成功	背景執行、條件項目
在遠端主機上執行一個命令	執行 ssh 主機命令
在管線中修改目錄	明確的 subshell
稍後執行命令	帶有 sleep 的無條件項目，緊接著命令
重新導向到受保護的檔案	執行 sudo bash -c " 命令 > 檔案 "

接下來的兩個章節，將教導大家如何結合各種技巧，來有效地達成任務目標。

第八章

建構狂妄的單行程式碼

還記得在本書前言中的這段冗長且複雜的命令嗎？

```
$ paste <(echo {1..10}.jpg | sed 's/ /\n/g') \
        <(echo {0..9}.jpg | sed 's/ /\n/g') \
  | sed 's/^/mv /' \
  | bash
```

這種看似咒語的神奇文字，被稱為狂妄的單行程式碼（*brash one-liners*）[1]。讓我們將它拆解開來，理解其中的運作原理。最裡面的 echo 命令，使用大括號擴展來產生 JPEG 檔案名稱列表：

```
$ echo {1..10}.jpg
1.jpg 2.jpg 3.jpg ... 10.jpg
$ echo {0..9}.jpg
0.jpg 1.jpg 2.jpg ... 9.jpg
```

將檔案名稱透過管線傳輸到 sed，接著會用換行符號替換空格字元：

```
$ echo {1..10}.jpg | sed 's/ /\n/g'
1.jpg
2.jpg
⋮
10.jpg
$ echo {0..9}.jpg | sed 's/ /\n/g'
0.jpg
1.jpg
⋮
9.jpg
```

1 這個術語的最早使用（據作者所知）是出現在 BSD Unix 4.x 中，manpage - lorder（1）的協助文件（*https://oreil.ly/ro621*）。感謝 Bob Byrnes 提供這樣的資訊。

paste 命令並排列印兩組列表。行程替換，允許 paste 讀取兩組列表，就如同讀取檔案一般：

```
$ paste <(echo {1..10}.jpg | sed 's/ /\n/g') \
        <(echo {0..9}.jpg | sed 's/ /\n/g')
1.jpg   0.jpg
2.jpg   1.jpg
⋮
10.jpg  9.jpg
```

在每一行前面加上列印 mv 字串，這些字串形成 mv 命令：

```
$ paste <(echo {1..10}.jpg | sed 's/ /\n/g') \
        <(echo {0..9}.jpg | sed 's/ /\n/g') \
  | sed 's/^/mv /'
mv 1.jpg   0.jpg
mv 2.jpg   1.jpg
⋮
mv 10.jpg  9.jpg
```

這樣命令的目其實已經呈現出來了：會產生 10 個命令，從 *1.jpg* 到 *10.jpg*，重新命名稱圖片檔案。新名稱分別為 *0.jpg* 到 *9.jpg*。再將輸出透過管線傳到 bash 執行 mv 命令：

```
$ paste <(echo {1..10}.jpg | sed 's/ /\n/g') \
        <(echo {0..9}.jpg | sed 's/ /\n/g') \
  | sed 's/^/mv /' \
  | bash
```

單行程式碼就像是拼圖。當我們遇到了一個任務問題，例如重新命名一組檔案，這時就可以套用準備好的工具箱，來建構一個 Linux 命令來解決它。狂妄的單行程式碼，挑戰大家的創造力，並培養我們的技能。

在本章中，我們將依照以下的步驟，逐步建立像上一章相同的單行程式碼：

1. 創造一個命令來解決一小塊問題。

2. 執行命令並檢查輸出。

3. 從歷史記錄中執行命令，並對其進行調整。

4. 重複步驟 2、3，直到命令所產生的結果符合我們所預期的。

本章將會鍛煉我們的大腦。即使面對範例感到困惑，但只需腳踏實地理解其中過程，並在電腦上執行相關命令。

本章中一些單行程式碼，若以螢幕來說可能太寬了，所以作者用反斜線將它們分成多行。但是，我們該不稱它們為兩行程式（或七行程式）。

準備好開始狂妄

在開始建立單行程式碼之前，請花一點時間切換正確的心態：

- 靈活變通
- 考慮從哪裡開始
- 瞭解如何測試我們的工具

之後會依順序討論這些想法。

靈活變通

靈活性（*flexibility*）是撰寫單行程式碼的關鍵。學習至此，我們已經學習一些很棒的工具，一群以 Linux 為中心的程式（和無數種執行的方法）、命令歷史記錄、命令列編輯等。我們可以利用多種方式組合這些工具，對於所遇到的問題，通常會有多個解決方案。

即使是最簡單的 Linux 任務，也可以透過不同方式完成。例如考慮如何列出當下目錄中的 *.jpg* 檔案。作者打賭有 99.9% 的 Linux 使用者會執行以下這樣的命令：

```
$ ls *.jpg
```

但這只是眾多解決方案的其中一種。另外，也可以列出**所有**目錄中的檔案，然後使用 `grep`，只比對以 *.jpg* 做檔名結尾的檔案：

```
$ ls | grep '\.jpg$'
```

或許會疑惑，為什麼會選擇這樣的解決方式？還記得我們在第 135 頁的「冗長參數項目」提示中看到的範例，當一個目錄包含太多檔案，以至於無法透過樣式比對列出所有資料時。透過 `grep` **延伸副檔名找出檔案**的技巧是解決各種問題，可靠且通用的方法。這裡重要的是，要靈活並瞭解我們的工具，這樣就可以在需要的時候，讓工具做最好的運用。就如同法師在建立咒語一樣，這才是狂妄的單行程式碼，所必備的技能。

以下所有命令都會列出當下目錄中的 *.jpg* 檔案。好好弄清楚每個命令是如何工作的：

```
$ echo $(ls *.jpg)
$ bash -c 'ls *.jpg'
$ cat <(ls *.jpg)
$ find . -maxdepth 1 -type f -name \*.jpg -print
$ ls > tmp && grep '\.jpg$' tmp && rm -f tmp
$ paste <(echo ls) <(echo \*.jpg) | bash
$ bash -c 'exec $(paste <(echo ls) <(echo \*.jpg))'
$ echo 'monkey *.jpg' | sed 's/monkey/ls/' | bash
$ python -c 'import os; os.system("ls *.jpg")'
```

結果是相同、還是某些命令的行為有一點不同？讀者能想出任何其他更適合的命令嗎？

考慮從哪裡開始

每個單行程式碼，都是以一個簡單命令的輸出作為啟始。命令的輸出可能是檔案的內容、檔案的某一部分、目錄列表、數字或字母排列、使用者列表、日期和時間，甚至是其他數值資料。因此，第一個挑戰是替我們的命令產生初始數據資料。如果想知道英文字母列表中的第 17 個字母，那麼我們的初始數據資料可以利用大括號擴展，來產生 26 個字母，例如：

```
$ echo {A..Z}
A B C D E F G H I J K L M N O P Q R S T U V W X Y Z
```

一旦可以產生這個輸出，下一步就是決定如何調整內容，來達成我們的目標。會需要依照欄位或對輸出的欄位進行切割嗎？或是將輸出與其他資訊組合起來？甚至以更複雜的方式轉換輸出的內容？透過前面第 1 ～ 5 章中的程式來完成這項工作，例如 grep、sed、cut，並加入第 7 章的多個方法套用上去。

像是以下範例，我們使用 awk 列印第 17 個欄位，或使用 sed 刪除空格再用 cut 切出第 17 個字元：

```
$ echo {A..Z} | awk '{print $(17)}'
Q
$ echo {A..Z} | sed 's/ //g' | cut -c17
Q
```

再舉另一個例子，如果我們想列印一年中的所有月份，一開始的資料可以是數字 1 到 12，同樣由大括號擴展產生：

```
$ echo {1..12}
1 2 3 4 5 6 7 8 9 10 11 12
```

從大括號擴展開始，形成每個月第一天的日期（從 2021-01-01 到 2021-12-01），然後在每一行上執行 date -d，產生月份名稱：

```
$ echo 2021-{01..12}-01 | xargs -n1 date +%B -d
January
February
March
⋮
December
```

或者再舉一個例子，假設想知道當下目錄中最長的檔案名稱之長度。我們一開始的數據資料可能是一個目錄列表：

```
$ ls
animals.txt  cartoon-mascots.txt  ...  zebra-stripes.txt
```

接著使用 awk 產生命令，再利用 wc -c 計算每個檔名中的字元數：

```
$ ls | awk '{print "echo -n", $0, "| wc -c"}'
echo -n "animals.txt" | wc -c
echo -n "cartoon-mascots.txt | wc -c"
⋮
echo -n "zebra-stripes.txt | wc -c"
```

（記得加入 -n 選項，防止 echo 列印換行符號，這會使每次計算數量不會多算一個。）最後，將命令透過管線，傳遞給 bash 加以執行，過程中將數字結果由高到低排序，並取得最大數值（就位在第一行）與 head -n1：

```
$ ls | awk '{print "echo -n", $0, "| wc -c"}' | bash | sort -nr | head -n1
23
```

最後一個例子相對棘手，透過管線將產生的字串傳遞給另一個管線。然而，基本原則仍是相同的：找出起始所需要的資料，並對其進行操作、調整來滿足我們的需求。

瞭解我們的測試工具

要建立一個狂妄的單行程式碼，可能還需要反覆測試驗證。以下工具和技術，將協助我們快速嘗試不同的解決方案：

使用命令歷史記錄和命令列編輯

在做測試時不要重新開始輸入命令。使用第 3 章中的技巧來呼叫先前的命令，調整部分內容並執行它們。

加入 echo 來測試我們的表示式

假若我們不確定表示式執行後的結果，請事先用 echo 列印它們，在標準輸出中檢視。

使用 ls 或增加 echo 對可能具有破壞性命令做測試

如果命令會執行 rm、mv、cp 或其他可能覆蓋、刪除檔案的命令，將 echo 放在命令之前，加以確認哪些檔案將受到影響。（這裡指的不是執行 rm，而是執行 echo rm。）另一個安全策略是用 ls 替換成 rm，列出將被刪除的檔案。

安插 *tee* 瀏覽過程中的結果

如果要在長一點的管線中檢視輸出結果（標準輸出），請安插 tee 命令，可以將輸出儲存到檔案做檢核。例如以下命令將 command3 的輸出保存在 *outfile* 檔案中，同時將相同的輸出透過管線傳輸給 command4：

```
$ command1 | command2 | command3 | tee outfile | command4 | command5
$ less outfile
```

好的，讓開始我們建立一些狂妄的單行程式碼！

將檔案名稱依序插入編號

這個單行程式碼類似於本章一開始所提到的（重新命名 *.jpg* 檔案），但這動作會更為細緻。這也是作者在寫這本書時遇到的真實情況。與前面的單行程式碼一樣，它結合了第 7 章中的兩種技巧：過程替換、透過管線傳遞給 bash。這樣的結果，建構出可重複模式，來解決類似的問題。

作者在 Linux 電腦上，使用 AsciiDoc（*https://asciidoc.org*）的排版語法撰寫這本書。語法細節在這裡並不重要；反觀每一個章都是單獨的檔案，最初開始檔案有 10 個：

```
$ ls
ch01.asciidoc  ch03.asciidoc  ch05.asciidoc  ch07.asciidoc  ch09.asciidoc
ch02.asciidoc  ch04.asciidoc  ch06.asciidoc  ch08.asciidoc  ch10.asciidoc
```

在某個時間點，才決定在第 2 章與第 3 章之間，加入新的章節，變成共 11 個章節。這意味著需要對一些檔案重新命名。第 3 ～ 10 章必須變成 4 ～ 11，留下空隙才能製作新的第 3 章（*ch03.asciidoc*）。作者可以手動對檔案重新命名，從 *ch11.asciidoc* 開始，並向後一個接著一個移動 [2]：

```
$ mv ch10.asciidoc ch11.asciidoc
$ mv ch09.asciidoc ch10.asciidoc
$ mv ch08.asciidoc ch09.asciidoc
⋮
$ mv ch03.asciidoc ch04.asciidoc
```

這種方法相當單調乏味（想像一下，如果有 1000 個檔案而不是 11 個！），所以勢必需要產生 mv 命令的文字，並將它們透過管線傳到 bash 執行。再仔細看看前面的 mv 命令，思考一下該如何建立它們。

首先焦點放在原始檔名 *ch03.asciidoc* 到 *ch10.asciidoc*。我們可以使用大括號擴展來列印，例如 ch{10..03}.asciidoc，這就如同本章的第一個例子，但是為了增加一點靈活性，使用 seq -w 命令來列印數字：

```
$ seq -w 10 -1 3
10
09
08
⋮
03
```

然後將此數字依序透過管線傳遞給 sed，將其轉換為檔案名稱：

```
$ seq -w 10 -1 3 | sed 's/\(.*\)/ch\1.asciidoc/'
ch10.asciidoc
ch09.asciidoc
⋮
ch03.asciidoc
```

現在我們有了原始檔案名稱的列表。再次利用第 4 ～ 11 章的內容，做相同的事情來建立目標檔案名稱：

```
$ seq -w 11 -1 4 | sed 's/\(.*\)/ch\1.asciidoc/'
ch11.asciidoc
ch10.asciidoc
⋮
ch04.asciidoc
```

2 如果從 *ch03.asciidoc* 開始移動，會很危險 —— 能明白為什麼嗎？如果不明白，請使用命令 touch ch{01..10}.asciidoc 建立這些檔案，並手動嘗試一下。

要組成 mv 命令，我們需要並排列印原始及新的檔案名稱。本章的第一個例子使用 paste 解決「並排」問題，行程替換將兩組列表視為檔案合併列印出來。在這裡做同樣的事情：

```
$ paste <(seq -w 10 -1 3 | sed 's/\(.*\)/ch\1.asciidoc/') \
        <(seq -w 11 -1 4 | sed 's/\(.*\)/ch\1.asciidoc/')
ch10.asciidoc   ch11.asciidoc
ch09.asciidoc   ch10.asciidoc
⋮
ch03.asciidoc   ch04.asciidoc
```

先前的例子中，命令可能看起來需要大量的輸入，但利用命令歷史記錄、Emacs 風格的命令列編輯方式，實際上是可以加快速度。從 seq 與 sed 之間的單一行內容，利用 paste 命令：

1. 使用向上箭頭，從歷史記錄中呼叫上一次命令。
2. 按下 Ctrl-A，然後再按 Ctrl-K 來裁切一整行。
3. 輸入 paste 後接著一個空格。
4. 按兩次 Ctrl-Y 來建立 seq 命令之後的兩相同的文字內容。
5. 使用移動和編輯按鍵來修改命令中的第二個部分。
6. 以此類推。

透過管線輸出到 sed，將 mv 文字增加到每一行，並列印確認是否是我們需要的 mv 命令：

```
$ paste <(seq -w 10 -1 3 | sed 's/\(.*\)/ch\1.asciidoc/') \
        <(seq -w 11 -1 4 | sed 's/\(.*\)/ch\1.asciidoc/') \
  | sed 's/^/mv /'
mv ch10.asciidoc    ch11.asciidoc
mv ch09.asciidoc    ch10.asciidoc
⋮
mv ch03.asciidoc    ch04.asciidoc
```

最後一步，將命令透過管線傳遞給 bash 執行：

```
$ paste <(seq -w 10 -1 3 | sed 's/\(.*\)/ch\1.asciidoc/') \
        <(seq -w 11 -1 4 | sed 's/\(.*\)/ch\1.asciidoc/') \
  | sed 's/^/mv /' \
  | bash
```

作者在撰寫本書時，採取這個解決方案。執行 mv 命令後，產生的檔案是第 1、2 和 4 ～ 11 章，空個位子留給第 3 章：

```
$ ls ch*.asciidoc
ch01.asciidoc  ch04.asciidoc  ch06.asciidoc  ch08.asciidoc  ch10.asciidoc
ch02.asciidoc  ch05.asciidoc  ch07.asciidoc  ch09.asciidoc  ch11.asciidoc
```

剛剛介紹的設計想法及模式，可套用在各種情況下重複使用，用以執行一系列相關命令：

1. 透過命令及相關參數產生結果至標準輸出中。
2. 使用 paste 和行程替換，並排結果再次輸出。
3. 透過 sed 命令和字元（^），在每一行開頭位置替換為命令的程式名稱及空格。
4. 將結果透過管線傳遞給 bash。

檢查成對比較的檔案

這個大膽的想法靈感來自於 Mediawiki 的實際運用，Mediawiki 是替維基百科和其他分支版本，提供支援的軟體。Mediawiki 允許使用者上傳圖片進行顯示。大多數使用者透過網路表單依循手動流程：點選「選擇檔案」打開檔案對話框，找到圖片檔案位置並選取，在表單中加入描述註解，然後點選「上傳」。Wiki 的管理員使用更自動化的方法：讀取整個目錄，並上傳多個圖片及敘述檔案。每個圖片檔案（例如，*bald_eagle.jpg*）都與一個文字檔案（*bald_eagle.txt*）做配對，其中包含有關圖片的描述內容。

想像一下，我們面對的是一個包含數百個圖片及文字檔案的目錄。因此想要確認每個圖片檔案，都有一個文字檔案可對應，反之亦然。一開始先以數量較少的版本做說明：

```
$ ls
bald_eagle.jpg  blue_jay.jpg  cardinal.txt  robin.jpg  wren.jpg
bald_eagle.txt  cardinal.jpg  oriole.txt    robin.txt  wren.txt
```

以下開發兩種不同的解決方案來辨識任何無法做比對的檔案。對於第一個解決方案，建立兩組列表，一個用於 JPEG 檔案，另一個用於文字檔案，並使用 cut 去除檔案的延伸副檔名 *.txt*、*.jpg*：

```
$ ls *.jpg | cut -d. -f1
bald_eagle
blue_jay
cardinal
robin
wren
$ ls *.txt | cut -d. -f1
bald_eagle
```

```
cardinal
oriole
robin
wren
```

然後使用行程替換，將列表與 diff 進行比較：

```
$ diff <(ls *.jpg | cut -d. -f1) <(ls *.txt | cut -d. -f1)
2d1
< blue_jay
3a3
> oriole
```

在這裡暫停一下，因為輸出結果說明第一個列表中，有一個多出來的 *blue_jay*（表示 *blue_jay.jpg*），第二個列表，有一個多出來的 *oriole*（表示 *oriole.txt*）。儘管如此，我們還是讓結果更加精確。透過搜尋每一行開頭的字元 <、>，來消除不需要的行：

```
$ diff <(ls *.jpg | cut -d. -f1) <(ls *.txt | cut -d. -f1) \
  | grep '^[<>]'
< blue_jay
> oriole
```

然後使用 awk 將正確的延伸副檔名附加到每個檔案名稱（$2）中，但需決於檔案名稱前面是否有 < 或 > 字元：

```
$ diff <(ls *.jpg | cut -d. -f1) <(ls *.txt | cut -d. -f1) \
  | grep '^[<>]' \
  | awk '/^</{print $2 ".jpg"} /^>/{print $2 ".txt"}'
blue_jay.jpg
oriole.txt
```

現在我們擁有不符合配對的檔案列表。然而，這個解決方案有一個細微的錯誤。假設目錄中包含檔案 *yellow.canary.jpg*，它有兩個點。前面的命令會產生以下不正確的輸出：

```
blue_jay.jpg
oriole.txt
yellow.jpg                    這裡是錯誤的
```

出現此問題是因為這兩個點，讓 cut 命令從第一個點開始刪除字元，而不是從最後一個點開始，因此 *yellow.canary.jpg* 被截斷為 *yellow* 而非期望的 *yellow.canary*。要解決此問題，請將 cut 替換為 sed，來刪除從最後一個點到字串結尾的字元：

```
$ diff <(ls *.jpg | sed 's/\.[^.]*$//') \
       <(ls *.txt | sed 's/\.[^.]*$//') \
  | grep '^[<>]' \
  | awk '/</{print $2 ".jpg"} />/{print $2 ".txt"}'
```

```
blue_jay.txt
oriole.jpg
yellow.canary.txt
```

第一個解決方案至此已完成了。接著我們會看到，第二種解決方案採用不同的方法。不是利用 diff 套用於兩組列表，而是產生一個列表，並剔除成對比較的檔案名稱。首先使用 sed 刪除延伸副檔名（與先前相同的 sed 指令稿），並採用 uniq -c 計算每個字串出現的次數：

```
$ ls *.{jpg,txt} \
  | sed 's/\.[^.]*$//' \
  | uniq -c
      2 bald_eagle
      1 blue_jay
      2 cardinal
      1 oriole
      2 robin
      2 wren
      1 yellow.canary
```

每一行的輸出，倘若包含數字 2，表示成對的檔案名稱；如果是數字 1，表示非成對的檔案名稱。使用 awk 以空格、開頭是 1，分離出每一行需要的內容，並且只列印第二個欄位：

```
$ ls *.{jpg,txt} \
  | sed 's/\.[^.]*$//' \
  | uniq -c \
  | awk '/^ *1 /{print $2}'
blue_jay
oriole
yellow.canary
```

最後一步，如何添加消失的延伸副檔名稱？並且無須為任何複雜的字串操作而煩惱。使用 ls 列出當下目錄中的實際檔案。使用 awk 在每一行輸出的末端增加一個星號（表示萬用字元）：

```
$ ls *.{jpg,txt} \
  | sed 's/\.[^.]*$//' \
  | uniq -c \
  | awk '/^ *1 /{print $2 "*"}'
blue_jay*
oriole*
yellow.canary*
```

藉由命令替換，將這些行內容提供給 ls 執行。shell 執行樣式比對，並且運用 ls 列出不成對的檔案名稱。完畢收工！

```
$ ls -1 $(ls *.{jpg,txt} \
  | sed 's/\.[^.]*$//' \
  | uniq -c \
  | awk '/^ *1 /{print $2 "*"}')
blue_jay.jpg
oriole.txt
yellow.canary.jpg
```

從使用者的家目錄產生 CDPATH

在第 62 頁的「整理使用者家目錄實現快速瀏覽」小節中，我們手動撰寫複雜的 CDPATH 內容。其中以 $HOME 開頭，後面是 $HOME 的所有子目錄，最後是相對路徑 ..（父目錄）：

```
CDPATH=$HOME:$HOME/Work:$HOME/Family:$HOME/Finances:$HOME/Linux:$HOME/Music:..
```

讓我們建立一個簡易的單行程式碼，自動產生 CDPATH 的內容，以便適時安插到 bash 配置設定檔案中。從 $HOME 中的子目錄列表開始，並使用 subshell，來防止 cd 命令修改到 shell 目前所在的目錄：

```
$ (cd && ls -d */)
Family/  Finances/  Linux/  Music/  Work/
```

接著用 sed，在每個目錄前加上 $HOME/ 的文字：

```
$ (cd && ls -d */) | sed 's/^/$HOME\//g'
$HOME/Family/
$HOME/Finances/
$HOME/Linux/
$HOME/Music/
$HOME/Work/
```

這個 sed 指令稿看似有點複雜，因為替換的 $HOME/ 字串中包含一個斜線符號，而 sed 本身在替換文字時，也使用斜線作為分隔符號。這就是斜線符號需要被轉義（escape）的原因：因此才寫成 $HOME\/。為了簡化事情，請回顧第 101 頁的「替換與斜線」提示中，sed 接受任何方便的字元作為分隔符號。因此，為了避免誤解，我們改用符號（@）而不是斜線，如此就不需要轉義了：

```
$ (cd && ls -d */) | sed 's@^@$HOME/@g'
$HOME/Family/
$HOME/Finances/
$HOME/Linux/
```

```
$HOME/Music/
$HOME/Work/
```

接下來，用另一個 sed 表示式去掉最後的斜線：

```
$ (cd && ls -d */) | sed -e 's@^@$HOME/@' -e 's@/$@@'
$HOME/Family
$HOME/Finances
$HOME/Linux
$HOME/Music
$HOME/Work
```

使用 echo 及命令替換，將輸出列印在一行上。請注意，我們不再需要在 cd 與 ls 周圍使用括號來明確建立 subshell，因為命令替換會建立屬於自己的 subshell：

```
$ echo $(cd && ls -d */ | sed -e 's@^@$HOME/@' -e 's@/$@@')
$HOME/Family $HOME/Finances $HOME/Linux $HOME/Music $HOME/Work
```

加入 $HOME 至第一個目錄和最後的相對目錄 ..：

```
$ echo '$HOME' \
       $(cd && ls -d */ | sed -e 's@^@$HOME/@' -e 's@/$@@') \
       ..
$HOME $HOME/Family $HOME/Finances $HOME/Linux $HOME/Music $HOME/Work ..
```

最後將所有的輸出透過管線傳到 tr，將空格修改為冒號：

```
$ echo '$HOME' \
       $(cd && ls -d */ | sed -e 's@^@$HOME/@' -e 's@/$@@') \
       .. \
  | tr ' ' ':'
$HOME:$HOME/Family:$HOME/Finances:$HOME/Linux:$HOME/Music:$HOME/Work:..
```

最後，加入 CDPATH 到環境變數中，也就是將我們產生的結果貼上到 bash 的配置設定檔中。將此命令儲存在指令稿中，隨時產生新的內容，例如在 $HOME 中新增子目錄時：

```
$ echo 'CDPATH=$HOME' \
       $(cd && ls -d */ | sed -e 's@^@$HOME/@' -e 's@/$@@') \
       .. \
  | tr ' ' ':'
CDPATH=$HOME:$HOME/Family:$HOME/Finances:$HOME/Linux:$HOME/Music:$HOME/Work:..
```

產生測試檔案

軟體這個行業中一項常見的任務是測試，對程式提供各種數據資料，檢驗程式是否依照預期狀況執行。下一個單行程式碼會產生一千個檔案，其中包含可用於軟體測試的隨機文字。一千這個數字是可以調整的；我們可以根據需要產生任意數量的檔案。

解決方式是從一個大文字檔案中隨機選取單字，並建立一千個具有隨機內容、長度的小檔案。一個完美的來源檔案是系統字典檔 */usr/share/dict/words*，裡頭包含 102,305 個單字，每個單字都各自獨占一行。

```
$ wc -l /usr/share/dict/words
102305 /usr/share/dict/words
```

要產生這種狂妄的單行程式碼，我們需要解決四個難題：

1. 隨機的打亂字典檔案內容
2. 從字典檔案中隨機選擇數行內容
3. 建立一個輸出檔案來儲存結果
4. 執行這個的解決方案一千次

要將字典打亂成隨機的順序，請使用恰如齊名的命令 shuf。每次執行命令 shuf /usr/share/dict/words，都會產生超過十萬行的輸出，所以使用 head 檢視前幾行的隨機內容：

```
$ shuf /usr/share/dict/words | head -n3
evermore
shirttail
tertiary
$ shuf /usr/share/dict/words | head -n3
interactively
opt
perjurer
```

我們第一個困難已經解決了。接下來，如何從打亂的字典中選擇隨機數量的行內容？shuf 有一個選項 -n，用於列印指定的行數，但我們希望替建立的每個輸出檔案，修改不同的數值。幸運的是，bash 有一個變數 RANDOM，其中保存 0 到 32,767 之間的隨機正整數。每次存取這個變數時，該數值都會改變：

```
$ echo $RANDOM $RANDOM $RANDOM
7855 11134 262
```

因此，執行 shuf 時帶入選項 -n $RANDOM，就可以列印隨機數量的隨機內容。完整的輸出可能很長，因此將結果透過管線傳遞給 wc -l，用以確認行數，是否隨著每次的執行而有所變化：

```
$ shuf -n $RANDOM /usr/share/dict/words | wc -l
9922
$ shuf -n $RANDOM /usr/share/dict/words | wc -l
32465
```

到目前為止，已經解決第二個難題。接下來，我們需要一千個輸出檔案，或更具體地說，一千個不同的檔案名稱。要產生這樣的檔案名稱，請執行程式 pwgen，它會產生隨機的字母、數字字串：

```
$ pwgen
eng9nooG ier6YeVu AhZ7naeG Ap3quail poo2Ooj9 OYiuri9m iQuash0E voo3Eph1
IeQu7mi6 eipaC2ti exah8iNg oeGhahm8 airooJ8N eiZ7neez Dah8Vooj dixiV1fu
Xiejoti6 ieshei2K iX4isohk Ohm5gaol Ri9ah4eX Aiv1ahg3 Shaew3ko zohB4geu
⋮
```

加入選項 -N1，用來指定產生單一字串，並將字串長度限制為（10）：

```
$ pwgen -N1 10
ieb2ESheiw
```

或者，使用命令替換，讓字串看起來更像文字檔的名稱：

```
$ echo $(pwgen -N1 10).txt
ohTie8aifo.txt
```

第三個問題解決！我們現在擁有產生單一隨機文字檔案的所有工具。使用 shuf 中的 -o 選項，將其輸出儲存在檔案中：

```
$ mkdir -p /tmp/randomfiles && cd /tmp/randomfiles
$ shuf -n $RANDOM -o $(pwgen -N1 10).txt /usr/share/dict/words
```

接著檢查結果：

```
$ ls                              列出新檔案
Ahxiedie2f.txt
$ wc -l Ahxiedie2f.txt            檢查其中有多少行？
13544 Ahxiedie2f.txt
$ head -n3 Ahxiedie2f.txt         檢視前幾行的內容
saviors
guerillas
forecaster
```

很好，看起來不錯！最後一個難題是如何將前面的 shuf 命令執行一千次。我們當然可以使用迴圈循環執行：

```
for i in {1..1000}; do
  shuf -n $RANDOM -o $(pwgen -N1 10).txt /usr/share/dict/words
done
```

但這並不像建立單行程式碼那麼有趣。取而代之，讓我們產生命令成為字串，並透過管線傳遞給 bash 執行。為了測試，使用 echo 列印一次我們期望的命令。加入單引號，確保 $RANDOM 不會被計算，並且 pwgen 也不會執行：

```
$ echo 'shuf -n $RANDOM -o $(pwgen -N1 10).txt /usr/share/dict/words'
shuf -n $RANDOM -o $(pwgen -N1 10).txt /usr/share/dict/words
```

這個命令可以很容易的透過管線傳輸給 bash 來執行：

```
$ echo 'shuf -n $RANDOM -o $(pwgen -N1 10).txt /usr/share/dict/words' | bash
$ ls
eiFohpies1.txt
```

現在，在管線中使用 yes 命令傳給 head，將命令列印一千次，然後的結果傳輸到 bash，這樣我們就解決第四個難題：

```
$ yes 'shuf -n $RANDOM -o $(pwgen -N1 10).txt /usr/share/dict/words' \
  | head -n 1000 \
  | bash
$ ls
Aen1lee0ir.txt IeKaveixa6.txt ahDee9lah2.txt paeR1Poh3d.txt
Ahxiedie2f.txt Kas8ooJahK.txt aoc0Yoohoh.txt sohl7Nohho.txt
CudieNgee4.txt Oe5ophae8e.txt haiV9mahNg.txt uchiek3Eew.txt
⋮
```

如果我們更喜歡一千個隨機圖片檔案，而非文字檔案，請使用相同的技巧（是的，head 和 bash），並將 shuf 替換為產生隨機圖片的命令。這是作者在 Stack Overflow 上（*https://oreil.ly/ruDwG*）看到的應用，根據 Mark Setchell 所提供的解決方案。會執行 ImageMagick 圖形套件中的 convert 命令，來產生大小為 100 x 100 像素的隨機圖片，這些圖片由五顏六色的方塊所組成：

```
$ yes 'convert -size 8x8 xc: +noise Random -scale 100x100 $(pwgen -N1 10).png' \
  | head -n 1000 \
  | bash
$ ls
Bahdo4Yaop.png Um8ju8gie5.png aing1QuaiX.png ohi4ziNuwo.png
```

```
Eem5leijae.png Va7ohchiep.png eiMoog1kou.png ohnohwu4Ei.png
Eozaing1ie.png Zaev4Quien.png hiecima2Ye.png quaepaiY9t.png
⋮
$ display Bahdo4Yaop.png            View the first image
```

產生空內容檔案

有時，我們所需的只是測試大量具有不同名稱的檔案，即使它們是空的。產生一千個 *file1000.txt* 到 *file0001.txt* 的空檔案非常簡單：

```
$ mkdir /tmp/empties            為檔案建立一個目錄
$ cd /tmp/empties
$ touch file{01..1000}.txt      產生檔案
```

如果我們喜歡更有趣的檔案名稱，請從系統字典檔中隨機選取。為了簡單起見，使用 grep 將名稱限制為小寫字母（避免空格、單引號和其他 shell 特殊的字元）：

```
$ grep '^[a-z]*$' /usr/share/dict/words
a
aardvark
aardvarks
⋮
```

用 shuf 打亂名稱字，並用 head 只列印前面的一千個：

```
$ grep '^[a-z]*$' /usr/share/dict/words | shuf | head -n1000
triplicating
quadruplicates
podiatrists
⋮
```

最後，將結果透過管線傳到 xargs，使用 touch 建立檔案：

```
$ grep '^[a-z]*$' /usr/share/dict/words | shuf | head -n1000 | xargs touch
$ ls
abases          distinctly      magnolia        sadden
abets           distrusts       maintaining     sales
aboard          divided         malformation    salmon
⋮
```

總結

希望本章中的範例，有助於培養各位撰寫狂妄的單行程式碼。其中提供了一些可重複使用的設計模式，我們可能會發現它們在其他情況下也很常用。

在此提出一個警告：面對問題，傲慢的單行程式碼並非是系統中唯一的解決方案。它們只是在命令列中，提高工作效率的一種方法。有時我們會透過撰寫 shell 指令稿獲得更多額外的收穫。甚至也會需要使用 Perl 或 Python 等程式編譯語言，才能找到更好的解決方案。然而，撰寫單行程式碼是具有快速風格，完成關鍵任務的一項重要技能。

第九章

善用文字檔案

純文字是許多 Linux 系統上最常見的數據資料格式。在大多數管線中從一個命令發送到另一個命令的內容多半是文字。程式設計師的原始碼、在系統 */etc* 中的配置設定檔、HTML、Markdown 等等都是文字檔案。以及電子郵件的內容也是文字；甚至儲存在內部的附件檔，都是以文字形式提供傳輸。我們甚至可以將購物清單、個人筆記等日常檔案儲存成為文字。

將文字內容與現今的網際網路相比，包含聲音與影像的串流媒體、社交媒體貼文、Google Docs 和 Office 365 在瀏覽器中的文件、PDF 和其他豐富媒體的大雜燴。（更不用說移動裝置了，面對新世代的人，都將應用程式處理的數據資料及「檔案」的概念隱藏起來。）在這種時空背景下，純文字檔案看起來反而是相當奇怪的。

儘管如此，任何文字檔案都可以成為豐富的數據資料來源，我們可以使用精心設計的 Linux 命令來挖掘這些數據資料，尤其是針對文字結構的情況下。例如，*/etc/passwd* 檔案中，每一行代表一個 Linux 使用者，其中有七個欄位，包括使用者名稱、數字使用者 ID、家目錄等。這些欄位使冒號分隔，因此檔案很容易用 `cut -d` 命令解析：或 `awk -F:`。以下是一個依照字母順序列印所有使用者名稱（第一個欄位）的命令：

```
$ cut -d: -f1 /etc/passwd | sort
avahi
backup
daemon
⋮
```

這裡有一個透過使用者 ID，將使用者與系統帳號分開，並對使用者發送一封歡迎電子郵件。讓我們一步一步地建構這個狂妄的一行程式。首先，當使用者 ID（欄位 3）為 1000 或更大時，透過 awk 列印使用者名稱（欄位 1）：

```
$ awk -F: '$3>=1000 {print $1}' /etc/passwd
jones
smith
```

然後透過管線傳給 xargs 來產生問候語：

```
$ awk -F: '$3>=1000 {print $1}' /etc/passwd \
  | xargs -I@ echo "Hi there, @!"
Hi there, jones!
Hi there, smith!
```

然後組合命令（字串），將每個問候語透過管線傳給 mail 命令，依照指定的主旨（-s），將電子郵件發送給個別的使用者：

```
$ awk -F: '$3>=1000 {print $1}' /etc/passwd \
  | xargs -I@ echo 'echo "Hi there, @!" | mail -s greetings @'
echo "Hi there, jones!" | mail -s greetings jones
echo "Hi there, smith!" | mail -s greetings smith
```

最後，將產生的命令透過管線傳給 bash 以發送電子郵件：

```
$ awk -F: '$3>=1000 {print $1}' /etc/passwd \
  | xargs -I@ echo 'echo "Hi there, @!" | mail -s greetings @' \
  | bash
echo "Hi there, jones!" | mail -s greetings jones
echo "Hi there, smith!" | mail -s greetings smith
```

與本書中的許多解決方案一樣，都是從一個現有的文字檔案開始，然後使用命令操作其內容。是時候改變這樣的架構，並朝向**設計新的文字檔案**的想法，與 Linux 命令相互完美的結合在一起[1]。這是在 Linux 系統上高效率完成工作的成功四個要素：

1. 將注意力放在我們要解決與涉及數據資料的作業問題。
2. 以便利的格式，將數據資料儲存在文字檔案中。
3. 創造處理檔案的 Linux 命令來解決問題。
4. 在指令稿、別名或函數中套用這些命令，以便更容易執行。(選項)

在本章中，我們將建構各種結構化文字檔案，並創造處理它們的命令，來解決多種工作上的問題。

1 這種方法類似設計資料庫格式，如此可以很好地處理已知的查詢作業。

第一個例子：搜尋檔案

假設我們的家目錄包含數以萬計的檔案和子目錄，並且不時地會忘記其中一個檔案和子目錄放在哪裡。find 命令依照名稱找出檔案位置，例如 *animals.txt*：

```
$ find $HOME -name animals.txt -print
/home/smith/Work/Writing/Books/Lists/animals.txt
```

然而 find 執行需要一點時間，因為它會搜尋整個家目錄，但我們需要時常搜尋檔案。這是第一步，注意到涉及數據資料的作業問題：依照名稱快速搜尋家目錄中的檔案。

第二步是以便利的格式將數據資料儲存在文字檔案中。執行 find 一次以建構所有檔案及目錄的列表，每一行是一個檔案路徑，並儲存在隱藏檔案中：

```
$ find $HOME -print > $HOME/.ALLFILES
$ head -n3 $HOME/.ALLFILES
/home/smith
/home/smith/Work
/home/smith/Work/resume.pdf
⋮
```

現在我們擁有了資料：檔案的逐行索引。第三步是創造 Linux 命令來加速檔案搜尋，為此請使用 grep。grep 在大檔案中執行的速度，相較 find 在多目錄的樹狀結構中，要快得多：

```
$ grep animals.txt $HOME/.ALLFILES
/home/smith/Work/Writing/Books/Lists/animals.txt
```

第四步是讓命令更容易執行。撰寫一個名為 ff 的單行指令稿，用於「搜尋檔案」，提供使用者任意選項和搜尋字串，執行 grep，如同範例 9-1 所示。

範例 *9-1*　ff 指令稿

```
#!/bin/bash
# $@ 表示提供所有參數給指令稿
grep "$@" $HOME/.ALLFILES
```

讓指令稿可執行，並將其放入搜尋路徑中的任一目錄下，例如使用者的個人 *bin* 子目錄：

```
$ chmod +x ff
$ echo $PATH                                    檢查使用者的搜尋路徑
/home/smith/bin:/usr/local/bin:/usr/bin:/bin
$ mv ff ~/bin
```

當我們不記得檔案放在哪裡時，可以隨時執行 ff 快速找出檔案位置。

```
$ ff animal
/home/smith/Work/Writing/Books/Lists/animals.txt
$ ff -i animal | less                                    不區分大小寫的 grep
/home/smith/Work/Writing/Books/Lists/animals.txt
/home/smith/Vacations/Zoos/Animals/pandas.txt
/home/smith/Vacations/Zoos/Animals/tigers.txt
⋮
$ ff -i animal | wc -l                                   符合比對項目有多少個？。
16
```

每隔一段時間重新執行 find 命令，藉以更新索引。（更好方式是使用 cron 建立工作計畫；請參考第 207 頁的「學習 cron、crontab 和 at」小節）如此，我們已經使用兩個工具，建構出一個快速、靈活、常用的檔案搜尋小程式。Linux 系統提供了其他可以快速索引和搜尋檔案的應用程式，例如 GNOME、KDE Plasma 和其他桌面環境中的 locate 命令與常用的搜尋程式，但這些不是本書重點。反觀一下看看自己建構工具是多麼容易。主要的關鍵是建立一個簡單格式的文字檔案。

檢查屆期的域名

對於下一個範例，假設我們擁有一些網路域名，希望在過期前，可以做續訂的動作。這是第一步，確定任務問題。第二步是將這些域名整理在一個檔案中，例如 *domains.txt*，每個域名都獨立一行：

```
example.com
oreilly.com
efficientlinux.com
⋮
```

第三步是利用文字檔案內容，創造確認屆期時間的命令。從 whois 命令開始，向域名註冊廠商查詢相關的資訊：

```
$ whois example.com | less
Domain Name: EXAMPLE.COM
Registry Domain ID: 2336799_DOMAIN_COM-VRSN
Registrar WHOIS Server: whois.iana.org
Updated Date: 2021-08-14T07:01:44Z
Creation Date: 1995-08-14T04:00:00Z
Registry Expiry Date: 2022-08-13T04:00:00Z
⋮
```

屆期時間前面的字串是「Registry Expiry Date」，因此可使用 grep、awk 將其分隔：

```
$ whois example.com | grep 'Registry Expiry Date:'
Registry Expiry Date: 2022-08-13T04:00:00Z
$ whois example.com | grep 'Registry Expiry Date:' | awk '{print $4}'
2022-08-13T04:00:00Z
```

透過命令 date --date，可將日期字串從一種格式轉換為另一種格式，讓日期更具可讀性：

```
$ date --date 2022-08-13T04:00:00Z
Sat Aug 13 00:00:00 EDT 2022
$ date --date 2022-08-13T04:00:00Z +'%Y-%m-%d'       年 - 月 - 日格式
2022-08-13
```

使用命令替換，將日期字串從 whois 轉送給 date 命令：

```
$ echo $(whois example.com | grep 'Registry Expiry Date:' | awk '{print $4}')
2022-08-13T04:00:00Z
$ date \
  --date $(whois example.com \
          | grep 'Registry Expiry Date:' \
          | awk '{print $4}') \
  +'%Y-%m-%d'
2022-08-13
```

我們現在完成一個向註冊廠商查詢，並列印屆期時間的命令。如範例 9-2 所示，將前面的命令建立成指令稿 check-expiry。執行的結果會列印屆期時間、tab 和域名：

```
$ ./check-expiry example.com
2022-08-13      example.com
```

範例 *9-2* 檢查屆期的指令稿

```
#!/bin/bash
expdate=$(date \
            --date $(whois "$1" \
                    | grep 'Registry Expiry Date:' \
                    | awk '{print $4}') \
            +'%Y-%m-%d')
echo "$expdate $1"                # 兩個數值之間以 tab 分隔
```

現在，以迴圈循環檢查檔案 *domains.txt* 中，所有的域名。建立另一個指令稿 check-expiry-all，如範例 9-3 所示。

範例 9-3　*check-expiry-all* 指令稿

```
#!/bin/bash
cat domains.txt | while read domain; do
    ./check-expiry "$domain"
    sleep 5                        # 請好好善待這些域名伺服器
done
```

如果我們擁有很多域名需要維護的話，處理過程可能需要一段時間，因此最好在背景執行指令稿，並將所有輸出（stdout、stderr）重新導向到某個檔案：

```
$ ./check-expiry-all &> expiry.txt &
```

指令稿執行完成後，檔案 *expiry.txt* 就是我們所需的資訊：

```
$ cat expiry.txt
2022-08-13      example.com
2022-05-26      oreilly.com
2022-09-17      efficientlinux.com
⋮
```

非常好！但不要就此滿足而止步。*expiry.txt* 檔案以 tab 做欄位分隔，本身的結構很好，可以再做後續的處理。例如，對日期進行排序，並找到下一個要續訂的域名：

```
$ sort -n expiry.txt | head -n1
2022-05-26      oreilly.com
```

或者，使用 awk 來搜尋已過期或今天即將過期的域名，也就是屆期日（欄位 1）小於或等於今天的日期（透過 date +%Y-%m-%d 產生）：

```
$ awk "\$1<=\"$(date +%Y-%m-%d)\"" expiry.txt
```

關於前面 awk 命令有一些需要注意的事項：

- 我們對錢字元號（就是在 $1 前面）、日期字串周圍的雙引號，進行轉義，這樣 shell 就不會在 awk 執行之前對它們進行數值計算。
- 我們透過字串運算符號 <= 來比較日期，這有一點違規。因為這並非進行數學比較，而是字串比較，但它之所以有效是因為，日期格式 *YYYY-MM-DD* 剛好是依照字母和時間的順序進行排列。

如果再多加努力，還可以在 awk 中進行日期的數學運算，來匯整屆期時間，例如，提前兩週，然後建立一個工作計畫，每天夜晚執行指令稿，並且透過電子郵件發送報告給我們。剩下的就由讀者隨意加入了。然而，透過一些命令，我們再次建構了一個由文字檔案為基礎的常用程式，才是這裡的重點。

建立電話區號資料庫

下一個範例我們使用包含三個欄位的檔案 *areacodes.txt*，可以透過多種方式對其進行處理，其中包含美國的電話區號。這個檔案放在本書補充資料中（*https://efficientlinux.com/examples*）的目錄 *chapter09/build_area_code_database* 下、或建立屬於自己的檔案，例如，來自維基百科（*https://oreil.ly/yz2M1*）[2]：

```
201     NJ      Hackensack, Jersey City
202     DC      Washington
203     CT      New Haven, Stamford
⋮
989     MI      Saginaw
```

首先預測一下欄位的寬度，以便讓資料欄位看起來整齊地排列。如果將城市名稱放在第一欄，這會讓檔案內容看起來相當凌亂：

```
Hackensack, Jersey City 201     NJ
Washington      202     DC
⋮
```

一旦這個檔案建立完成後，我們可以拿來做很多事情。可以使用 grep 並依照各州搜尋電話區號，只需增加 -w 選項來比對完整的單字（避免其他文字恰好包含「NJ」）：

```
$ grep -w NJ areacodes.txt
201     NJ      Hackensack, Jersey City
551     NJ      Hackensack, Jersey City
609     NJ      Atlantic City, Trenton, southeast and central west
⋮
```

或依照電話區號來搜尋城市：

```
$ grep -w 202 areacodes.txt
202     DC      Washington
```

或檔案中的任何字串：

```
$ grep Washing areacodes.txt
202     DC      Washington
227     MD      Silver Spring, Washington suburbs, Frederick
240     MD      Silver Spring, Washington suburbs, Frederick
⋮
```

2 官方電話區號列表（*https://oreil.ly/SptWL*），內容以 CSV 格式呈現，缺少城市名稱，並且是由北美地區電話區號管理局所維護。

利用 wc 計算電話區號數量：

```
$ wc -l areacodes.txt
375 areacodes.txt
```

找哪一出州擁有最多的電話區號（最多的是加州 California ，有 38 個）：

```
$ cut -f2 areacodes.txt | sort | uniq -c | sort -nr | head -n1
     38 CA
```

將檔案轉換為 CSV 格式，如此可便於匯入試算表應用程式。輸出結果時，為了防止第三個欄位中的逗號被解釋為 CSV 的分隔符號，利用雙引號前後括起來：

```
$ awk -F'\t' '{printf "%s,%s,\"%s\"\n", $1, $2, $3}' areacodes.txt \
  > areacodes.csv
$ head -n3 areacodes.csv
201,NJ,"Hackensack, Jersey City"
202,DC,"Washington"
203,CT,"New Haven, Stamford"
```

將某一個州的所有電話區號合併成一行輸出：

```
$ awk '$2~/^NJ$/{ac=ac FS $1} END {print "NJ:" ac}' areacodes.txt
NJ: 201 551 609 732 848 856 862 908 973
```

或使用陣列和 for 迴圈，重新整理每個州的資料做輸出，如第 98 頁的「改進重複檔案檢測工具」小節：

```
$ awk '{arr[$2]=arr[$2] " " $1} \
       END {for (i in arr) print i ":" arr[i]}' areacodes.txt \
  | sort
AB: 403 780
AK: 907
AL: 205 251 256 334 659
⋮
WY: 307
```

將前面所創造的命令，轉換為別名、函數或指令稿，只要方便順手即可。如例 9-4 中 areacode 的簡單指令稿。

範例 *9-4　areacode* 指令稿

```
#!/bin/bash
if [ -n "$1" ]; then
  grep -iw "$1" areacodes.txt
fi
```

areacode 指令稿在 *areacodes.txt* 檔案中，搜尋任何完整的單字，例如電話區號、州名的縮寫或城市名稱：

```
$ areacode 617
617     MA      Boston
```

建構密碼管理工具

最後我們要深入討論的一個範例，將使用者名稱、密碼、註解，以結構化格式儲存在加密的文字檔案中，並且在命令列上便於搜尋。我們要建立的命令是一個基本的密碼管理工具，並且可以減少需要記憶大量複雜密碼的負擔。

密碼管理是電腦安全中的一個複雜議題。此範例作為教學練習，因此是一個非常基本的密碼管理工具。請勿使用於任何關鍵的應用程式中。

密碼檔案 *vault*，包含三個欄位，由 tab 分隔：

- 使用者名稱
- 密碼
- 註解（包含任何文字）

建立 *vault* 檔案，並加入資料。檔案目前還沒有加密，所以只需輸入假的密碼：

```
$ touch vault                                          建立一個空檔案
$ chmod 600 vault                                      設定檔案權限
$ emacs vault                                          編輯檔案
$ cat vault
sally   fake1   google.com account
ssmith  fake2   dropbox.com account for work
s999    fake3   Bank of America account, bankofamerica.com
smith2  fake4   My blog at wordpress.org
birdy   fake5   dropbox.com account for home
```

將檔案儲存某個已知的位置中：

```
$ mkdir ~/etc
$ mv vault ~/etc
```

這個想法類似 grep 或 awk 這一類的工具，透過樣式比對，列印符合指定字串的行內容。這種簡單而強大的技巧，可以比對每一行中的任何部分，而不僅僅只有使用者名稱或網站。例如：

```
$ cd ~/etc
$ grep sally vault                          比對使用者名稱
sally   fake1   google.com account
$ grep work vault                           比對註解
ssmith  fake2   dropbox.com account for work
$ grep drop vault                           符合比對的多行內容
ssmith  fake2   dropbox.com account for work
birdy   fake5   dropbox.com account for home
```

我們將這些簡單的功能納入到指令稿中；然後逐步改進，包括最後對 *vault* 檔案加密的動作。將建立名為「密碼管理工具」的 pman 指令稿，並先在範例 9-5 中給出一個簡單版本。

範例 *9-5*　pman 版本 *1*：就這麼簡單

```
#!/bin/bash
# 只列印符合比對的行內容
grep "$1" $HOME/etc/vault
```

將指令稿儲存在我們的搜尋路徑中：

```
$ chmod 700 pman
$ mv pman ~/bin
```

嘗試執行指令稿：

```
$ pman goog
sally   fake1   google.com account
$ pman account
sally   fake1   google.com account
ssmith  fake2   dropbox.com account for work
s999    fake3   Bank of America account, bankofamerica.com
birdy   fake5   dropbox.com account for home
$ pman facebook                                   （並未產生任何輸出）
```

範例 9-6 是下一個版本，加入一些錯誤檢查和容易記憶的變數名稱。

範例 *9-6*　pman 版本 *2*：加入了一些錯誤檢查

```
#!/bin/bash
# 取得指令稿名稱
# $0 是指令稿的路徑，basename 命令會列印最後的檔案名稱
```

```
PROGRAM=$(basename $0)
# 密碼資料的位置
DATABASE=$HOME/etc/vault

# 確保至少提供一個參數給指令稿
# 表示式 >&2 意指 echo 列印輸出至 stderr 而非 stdout
if [ $# -ne 1 ]; then
    >&2 echo "$PROGRAM: look up passwords by string"
    >&2 echo "Usage: $PROGRAM string"
    exit 1
fi
# 將第一個參數儲存在一個易於理解的變數名稱中
searchstring="$1"

# 搜尋檔案 vault，並在沒有找到任何資料時列印錯誤訊息
grep "$searchstring" "$DATABASE"
if [ $? -ne 0 ]; then
    >&2 echo "$PROGRAM: no matches for '$searchstring'"
    exit 1
fi
```

執行指令稿：

```
$ pman
pman: look up passwords by string
Usage: pman string
$ pman smith
ssmith  fake2   dropbox.com account for work
smith2  fake4   My blog at wordpress.org
$ pman xyzzy
pman: no matches for 'xyzzy'
```

這種技巧含有的一個缺點是無法對內容數量進行調整。如果 *vault* 包含數百行內容，並且 grep 比對出、列印其中的 63 行，那麼我們必須使用眼睛來尋找，才能找到想要的密碼。透過向因此對每筆資料，在第三欄中增加唯一的鍵值（字串）來改進、更新 pman 指令稿，並在搜尋時先尋找唯一鍵值。在 *vault* 檔案加入第三欄（字體加粗），看起來像這樣：

```
sally   fake1   google  google.com account
ssmith  fake2   dropbox dropbox.com account for work
s999    fake3   bank    Bank of America account, bankofamerica.com
smith2  fake4   blog    My blog at wordpress.org
birdy   fake5   dropbox2        dropbox.com account for home
```

範例 9-7，改換使用 awk 而不是 grep 的方式調整指令稿。還使用命令替換，來抓取輸出結果，並檢查是否為空值（用 -z 表示測試「零長度的字串」）。請注意，我們如果搜尋 *vault* 中不存在的密碼，pman 會回到原來先前的動作，列印出符合比對搜尋字串的所有內容。

範例 *9-7* pman 版本 *3*：優先搜尋第三欄的鍵值

```
#!/bin/bash
PROGRAM=$(basename $0)
DATABASE=$HOME/etc/vault

if [ $# -ne 1 ]; then
    >&2 echo "$PROGRAM: look up passwords"
    >&2 echo "Usage: $PROGRAM string"
    exit 1
fi
searchstring="$1"

# 在第三欄中以完全比對進行搜尋
match=$(awk '$3~/^'$searchstring'$/' "$DATABASE")

# 如果搜尋字串與鍵值不相符合時，則改以搜尋完全符合比對字串的內容
if [ -z "$match" ]; then
    match=$(awk "/$searchstring/" "$DATABASE")
fi

# 如果仍然找不到，列印錯誤資訊並離開
if [ -z "$match" ]; then
    >&2 echo "$PROGRAM: no matches for '$searchstring'"
    exit 1
fi

# 列印比對搜尋的結果
echo "$match"
```

執行指令稿：

```
$ pman dropbox
ssmith  fake2   dropbox dropbox.com account for work
$ pman drop
ssmith  fake2   dropbox dropbox.com account for work
birdy   fake5   dropbox2        dropbox.com account for home
```

明文的檔案 *vault* 存在安全疑慮，因此使用標準的 Linux 加密程式 GnuPG 進行加密，執行方式為 gpg。以下我們假設 GnuPG 已經設定安裝完成，可直接使用的狀態。否則，請輸入以下命令進行設定，並提供使用者的電子郵件[3]：

```
$ gpg --quick-generate-key 使用者電子郵件 default default never
```

系統會顯示提示符號，讓使用者輸入密碼（兩次）。密碼混雜的強度盡量高一點。gpg 完成後，我們就可使用公鑰加密來加密檔案，產生檔案 *vault.gpg*：

```
$ cd ~/etc
$ gpg -e -r 使用者電子郵 vault
$ ls vault*
vault   vault.gpg
```

做一下測試，解密檔案 *vault.gpg* 到標準輸出[4]：

```
$ gpg -d -q vault.gpg
Passphrase: xxxxxxxx
sally   fake1   google google.com account
ssmith  fake2   dropbox dropbox.com account for work
⋮
```

接下來，調整我們的指令稿，使用加密的 *vault.gpg* 檔案，而非純文字的 *vault* 檔案。這表示將 *vault.gpg* 解密到標準輸出中，並將其內容透過管線傳到 awk 進行比對，如範例 9-8 所示。

範例 *9-8*　pman 版本 *4*：使用加密 *vault*

```
#!/bin/bash
PROGRAM=$(basename $0)
# 使用加密的檔案
DATABASE=$HOME/etc/vault.gpg

if [ $# -ne 1 ]; then
    >&2 echo "$PROGRAM: look up passwords"
    >&2 echo "Usage: $PROGRAM string"
    exit 1
fi
searchstring="$1"

# 將解密的文字儲存在變數中
```

3 此命令產生一個成對的公鑰、私鑰，其中包含所有預設選項與屆期日「never」。要瞭解更多內容，請參考 man gpg，閱讀有關 gpg 選項的資訊，或線上搜尋 GnuPG 的相關教學。

4 如果 gpg 在命令列中沒有出現提示符號，讓我們輸入密碼的繼續執行，則表示它已暫存（儲存）使用者的密碼。

```
decrypted=$(gpg -d -q "$DATABASE")
# 在第三欄中以完全比對進行搜尋
match=$(echo "$decrypted" | awk '$3~/^'$searchstring'$/')

# 如果搜尋字串與鍵值不相符合時，則改以搜尋完全符合比對字串的內容
if [ -z "$match" ]; then
    match=$(echo "$decrypted" | awk "/$searchstring/")
fi

# 如果仍然找不到，列印錯誤資訊並離開
if [ -z "$match" ]; then
    >&2 echo "$PROGRAM: no matches for '$searchstring'"
    exit 1
fi

# 列印比對搜尋的結果
echo "$match"
```

現在指令稿中，因為檔案加密，會顯示輸入密碼的要求：

```
$ pman dropbox
Passphrase: xxxxxxxx
ssmith   fake2   dropbox dropbox.com account for work
$ pman drop
Passphrase: xxxxxxxx
ssmith   fake2   dropbox dropbox.com account for work
birdy    fake5   dropbox2        dropbox.com account for home
```

現在我們的密碼管理工具，應該準備的部分都已就緒了。最後剩下一些步驟是：

- 當我們確認 *vault.gpg* 檔案可以順利的解密後，刪除原始 *vault* 檔案。
- 如果使用者願意，可以將真實密碼替換成假的密碼。有關編輯加密文字檔案的建議，請參考第 179 頁的「直接編輯加密的檔案」專欄。
- 在含有密碼的 vault 檔案中的註解，也就是以井字號（#）開頭的內容，協助我們對其內容進行說明的部分，希望能夠移除。為此，請更新指令稿，將解密的內容透過管線傳到 `grep -v`，來過濾掉任何以井字號作為開頭的內容：

  ```
  decrypted=$(gpg -d -q "$DATABASE" | grep -v '^#')
  ```

在 stdout 上列印密碼其實並不安全。在第 199 頁的「改良密碼管理工具」小節將再度更新指令稿，透過複製和貼上密碼，而不是列印它們。

直接編輯加密的檔案

修改加密檔案，最直接、最繁瑣、最不安全的方法是解密檔案，編輯檔案，然後重新加密。

```
$ cd ~/etc
$ gpg vault.gpg                          解密
Passphrase: xxxxxxxx
$ emacs vault                            使用最擅長的文字編輯器
$ gpg -e -r 使用者電子郵 vault             再次加密
$ rm vault
```

為了讓編輯 *vault.gpg* 檔案更加便利，emacs 和 vim 都具有編輯 GnuPG 加密檔案的模式。首先將以下這一行增加到 bash 配置設定檔案中，並在 shell 中套用設定：

```
export GPG_TTY=$(tty)
```

對於 emacs，設定內建的 EasyPG 套件。將以下內容加入到 *$HOME/.emacs*，並重新啟動 emacs。將字串 *GnuPG ID here* 替換成與使用者的密碼相關連的電子郵件，例如 smith@example.com：

```
(load-library "pinentry")
(setq epa-pinentry-mode 'loopback)
(setq epa-file-encrypt-to "GnuPG ID here")
(pinentry-start)
```

之後編輯任何加密檔案，emacs 會顯示提示符號，讓使用者輸入密碼，並將其解密到緩衝區中做後續的編輯。儲存時，emacs 也會加密緩衝區的內容。

而對於 vim，可以試試看 vim-gnupg 外掛套件（*https://oreil.ly/mnwYc*），並將以下這些內容加入到 *$HOME/.vimrc* 配置設定檔中：

```
let g:GPGPreferArmor=1
let g:GPGDefaultRecipients=["GnuPG ID here"]
```

若考慮建立一個別名來編輯 vault 密碼檔，請參考第 58 頁的「使用別名來修改經常編輯的檔案」提示中的討論：

```
alias pwedit="$EDITOR $HOME/etc/vault.gpg"
```

總結

檔案路徑、域名、電話區號和登入的憑證，這些都只是以結構化文字檔案為基礎，並且擁有完善資料操作的一些範例。換作別的項目會怎麼樣：

- 我們的音樂檔案？（透過像 `id3tool` 這一類的 Linux 命令工具，從 MP3 檔案中提取 ID3 資訊並將其放入檔案中。）
- 我們在一些移動設備上的聯絡人資訊？（透過應用程式將聯絡人匯出為 CSV 格式，上傳到雲端儲存，然後下載到 Linux 機器上做處理。）
- 在學校的成績？（使用 `awk` 持續追蹤計算平均成績。）
- 記錄我們看過的電影、讀過的書籍清單，以及其他數據資料（評分、作者、演員等等）？

透過這種方式，我們可以建構一個節省時間的周邊命令系統，這些命令對個人或工作是富有成效與意義的，千萬不要受限於以上的例子，發揮一點想像力。

第三部分

一些額外的好東西

在最後的幾個章節中，會深入討論專業的議題：有些內容很詳細，有些則只是簡單介紹，激發讀者的興趣，學習更多資訊。

第十章

鍵盤效率

在平常 Linux 工作站上的一天中，我們可能會打開許多應用程式視窗：Web 瀏覽器、文字編輯器、軟體開發環境、音樂播放器、影音編輯器、虛擬機等。某些應用程式以 GUI 為中心，例如繪畫程式，並針對滑鼠游標或軌跡球等設備進行定位追蹤。而另一些程式則更專注於鍵盤，例如終端程式中的 shell。一般而言 Linux 使用者每小時，可能在鍵盤與滑鼠游標之間切換數十次（甚至數百次）。每次切換都需要一點時間。這只會讓我們動作放慢下來。如果可以減少切換的次數，就可以提高工作效率。

本章主要的目標是盡量將大部分時間放在鍵盤上，而切換到點選設備上的時間盡量減少。十個指頭連續按下一百多個鍵，通常比滑鼠游標上的點選，來得更加靈活。作者不只是在談論使用鍵盤捷徑，也相信讀者可以在不需要這本書的情況下都能上網找到相關資訊（儘管接下來都會提及一些）。在此意指的是一種不同的加速方法，特別針對某些看起來就只能以「滑鼠游標」完成的日常工作：使用視窗環境、Web 資訊檢索、以及剪貼簿的複製和貼上。

使用視窗環境

在本章節中，將分享啟動視窗的技巧，尤其是 shell 視窗（終端機）和瀏覽器視窗。

即時 Shell 和瀏覽器

大多數 Linux 桌面環境，例如 GNOME、KDE Plasma、Unity 和 Cinnamon，都提供了一些方法來定義熱鍵或自行定義鍵盤捷徑——用來執行命令或啟動其他操作的特殊按鍵。作者強烈建議大家，替這些常用的操作定義鍵盤捷徑：

- 打開一個新的 shell（終端程式）視窗
- 打開一個新的網路瀏覽器視窗

定義這些捷徑方式之後，無論我們正在使用什麼應用程式，都可以隨時打開終端機或瀏覽器[1]。要進行這樣的設定，我們還需要了解以下內容：

啟動個人偏好的終端機程式命令

目前比較流行的是 `gnome-terminal`、`konsole` 和 `xterm`。

啟動個人偏好的瀏覽器命令

目前比較流行的是 `firefox`、`google-chrome` 和 `opera`。

如何自行定義鍵盤捷徑

每個桌面環境的方式都不同，並且還可能因為版本而有所差異，因此最好在網路上搜尋相關資訊。指定搜尋桌面環境的名稱，然後尋找「定義鍵盤捷徑的方式」。

以作者的桌面環境來說，指定鍵盤捷徑 Ctrl-Windows-T 來執行 `konsole`、Ctrl-Windows-C 來執行 `google-chrome`。

工作目錄

在桌面環境中透過一個鍵盤捷徑執行 shell 時，這個實體會是我們 login shell 的子行程。它啟動的目錄會是使用者的家目錄（除非以其他方式將其配置為不同的目錄）。

相較之下，如果是從終端機程式中打開一個新的 shell，也就是在命令列中執行如 `gnome-terminal`、`xterm` 或由終端機程式工具選單，所開啟的新視窗。在這種情況下，新的 shell 會是*那個終端機的 shell* 的子行程。它啟動的目錄與其父行程目錄會是相同的，不太可能會是使用者的家目錄。

一次性視窗

假設我們正在使用多個應用程式，突然需要一個 shell 來執行其他命令。許多使用者會點選滑鼠，並在開啟的視窗中尋找正在執行的終端機程式。不要這樣做，這在浪費時間。只需使用熱鍵，開啟一個新終端機、執行命令，然後離開終端機程式。

---

1 除非我們正在使用的應用程式會需要取得所有按鍵的控制，例如虛擬機器程式。

一旦我們指定好執行終端機程式和瀏覽器的熱鍵，就可以迅速大量開啟和關閉這些視窗。此外，建議這樣的視窗建立後，最好設定時間銷毀，而不是放任它們長時間運作。作者將這些短暫的視窗稱為**一次性視窗**（*one-shot windows*）。讓我們快速打開視窗後，使用一下子緊接著關閉。

如果正在開發軟體或執行其他需要長時間的工作，此時我們可能會打開幾個 shell 長時間運作，但一次性視窗非常適合臨時執行隨機命令。以速度來說，**開啟一個新終端機程式，會比在螢幕上搜尋現有終端機視窗，來得更快**。千萬不要在桌面上四處尋找並問自己「哪一個終端機視窗才是我們需要的？」。立即開啟一個新的，使用完畢就關閉。

對於瀏覽器視窗也是如此。是否曾經經過一整天的 Linux 駭客攻擊後，回過頭來才發現我們的瀏覽器，雖然只開啟一個視窗但裡頭卻有 83 個已開啟的分頁？這是否應證一次性視窗太少的狀況。其實我們僅僅只在需要瀏覽網頁時，打開一個視窗然後將其關閉。若稍後需要重新檢視相同頁面呢？在瀏覽器歷史記錄中可以找到它。

瀏覽器鍵盤捷徑方式

當我們討論瀏覽器時，請確保讀者能夠理解表 10-1 中，相關的重要鍵盤捷徑。如果我們的手已經放在鍵盤上，並且想要瀏覽到新網站，通常按下 `Ctrl-L` 會切換到網址列，或是按下 `Ctrl-T` 打開分頁可能會更快一點。

表 10-1　關於 Firefox、Google Chrome 和 Opera 最重要的鍵盤捷徑

動作	鍵盤捷徑方式
打開新視窗	Ctrl-N
打開新的私密 / 無痕視窗	Ctrl-Shift-P（Firefox）、Ctrl-Shift-N（Chrome 和 Opera）
打開新分頁	Ctrl-T
關閉分頁	Ctrl-W
循環檢視瀏覽器分頁	Ctrl-Tab（向前循環）和 Ctrl-Shift-Tab（向後循環）
切換到網址列	Ctrl-L（或 Alt-D 或 F6）
在目前頁面中搜尋（尋找）文字	Ctrl-F
顯示瀏覽歷史記錄	Ctrl-H

切換視窗和桌面

當忙碌時我們的桌面充滿許多視窗，如何快速找到想要的視窗？我們通常在一堆畫面中，透過滑鼠點選的方式來處理，但使用鍵盤捷徑 Alt-Tab 會更快速。若是按住 Alt-Tab 組合鍵，將依序循環切換瀏覽桌面上的所有視窗，一個接著一個。當我們找到所需的視窗時，鬆開按鍵，該視窗就會處於焦點狀態，並且可以直接操作。若要反向循環，請按 Alt-Shift-Tab。

若要循環瀏覽桌面上的所有視窗，但視窗屬於同一應用程式時，例如所有 Firefox 的視窗，請按 Alt-`（Alt- 反引號，或 Alt 加 Tab 上方的鍵）。要向後循環，請加入 Shift 鍵（Alt-Shift- 反引號）。

可以切換視窗，緊接著就來討論切換桌面了。如果在 Linux 上認真工作，並且只使用一個桌面，那可就錯過管理工作的好方法。多個桌面，也稱為工作區域或虛擬桌面。我們可能有四個、六個或更多桌面，而非單一桌面，每個桌面都有自己的視窗，可以在它們之間做切換。

作者在 Ubuntu Linux 的工作站上，執行含有 KDE Plasma 的環境下，執行了六個虛擬桌面，並為它們分配不同的用途。桌面 #1 是處理電子郵件、作為瀏覽的主要工作區，#2 用於與家庭相關的事務，#3 是作者執行 VMware 虛擬機的地方，#4 用於撰寫書籍的編輯視窗，#5、#6 用於任何廣告或臨時任務。依照這樣的分配，可以快速輕鬆在不同的應用程式中，找到作者打開的視窗。

每個 Linux 桌面環境，如 GNOME、KDE Plasma、Cinnamon 和 Unity 都有自己的虛擬桌面操作方式，並且都提供了一個圖形化的「切換工具」或「頁面功能」，在它們之間做切換。建議在大家在桌面環境中，定義鍵盤捷徑以快速切換到每個桌面。在作者的電腦上，定義了 Windows + F1 到 Windows + F6 分別切換到桌面 #1 到 #6。

桌面和視窗還有許多其他的使用方式。某些人的分配方式，每一個應用程式佔用一個桌面：用於 shell 的桌面、用於網頁瀏覽的桌面、用於文字處理的桌面等等。一些使用筆記型電腦螢幕的工作者，只在每個桌面中固定打開一個視窗，而不是在每個桌面上打開多個。找出一種適合自己的風格，只要快速、好用即可。

從命令列存取 Web

點選開啟瀏覽器，幾乎是上網的起手勢，但我們也可以用 Linux 命令列來存取網站，效果非常好。

從命令列啟動瀏覽器視窗

我們可能相當習慣透過點擊、點選圖示，來啟動 Web 瀏覽器，但其實也可以從命令列執行這樣的操作。如果瀏覽器尚未執行，請增加一個可在背景執行的符號，以便讓 shell 回傳提示符號：

```
$ firefox &
$ google-chrome &
$ opera &
```

如果指定的瀏覽器已經在執行，則省略 & 符號。這個命令會通知現有瀏覽器實體，開啟一個新的視窗或分頁。命令執行後立即離開，並回傳 shell 提示符號。

背景瀏覽器命令可能會列印一些除錯訊息，並打亂 shell 視窗中的文字。為防止出現這種情況，請在首次啟動瀏覽器時，將所有輸出重新導向到 */dev/null*。例如：

```
$ firefox &> /dev/null &
```

要從命令列打開瀏覽器並瀏覽某個網站，請提供網站的 URL 作為參數：

```
$ firefox https://oreilly.com
$ google-chrome https://oreilly.com
$ opera https://oreilly.com
```

在預設情況下，前面的命令會打開一個新分頁，並將獲成為焦點視窗。若要強制打開一個新視窗，請加入另一個選項：

```
$ firefox --new-window https://oreilly.com
$ google-chrome --new-window https://oreilly.com
$ opera --new-window https://oreilly.com
```

要打開私密或無痕瀏覽器視窗，請加入適當的命令列選項：

```
$ firefox --private-window https://oreilly.com
$ google-chrome --incognito https://oreilly.com
$ opera --private https://oreilly.com
```

以上命令看起來可能需要大量的鍵盤輸入，但其實可以透過定義別名，結合我們經常瀏覽的網站，來提高工作效率：

```
# 加入到 shell 配置設定檔案並執行 source：
alias oreilly="firefox --new-window https://oreilly.com"
```

相同的，如果有一個讓我們感到興趣的 URL，請使用 grep、cut 或其他 Linux 命令擷取 URL，然後在命令列上使用命令替換，將其傳遞給瀏覽器。這是一個包含兩個 tab 作為分隔的檔案範例：

```
$ cat urls.txt
duckduckgo.com  My search engine
nytimes.com     My newspaper
spotify.com     My music
$ grep music urls.txt | cut -f1
spotify.com
$ google-chrome https://$(grep music urls.txt | cut -f1)        連線到 spotify
```

或者，假設我們透過物流編號，來追蹤期待的包裹狀態：

```
$ cat packages.txt
1Z0EW7360669374701      UPS     Shoes
568733462924            FedEx   Kitchen blender
9305510823011761842873  USPS    Care package from Mom
```

在範例 10-1 中的 shell 指令稿，藉由不同的物流編號，添加到對應的 URL 頁面，來查詢相關托運資訊（UPS、FedEx 或美國郵政服務）。

範例 *10-1* 藉由物流編號，來查詢托運資訊的追蹤指令稿

```
#!/bin/bash
PROGRAM=$(basename $0)
DATAFILE=packages.txt
# 選擇一個瀏覽器：firefox、opera、google-chrome
BROWSER="opera"
errors=0

cat "$DATAFILE" | while read line; do
  track=$(echo "$line" | awk '{print $1}')
  service=$(echo "$line" | awk '{print $2}')
  case "$service" in
    UPS)
      $BROWSER "https://www.ups.com/track?tracknum=$track" &
      ;;
    FedEx)
      $BROWSER "https://www.fedex.com/fedextrack/?trknbr=$track" &
      ;;
    USPS)
      $BROWSER "https://tools.usps.com/go/TrackConfirmAction?tLabels=$track" &
      ;;
    *)
      >&2 echo "$PROGRAM: Unknown service '$service'"
      errors=1
```

```
      ;;
    esac
  done
  exit $errors
```

使用 curl 與 wget 取得 HTML

Web 瀏覽器並非唯一可以瀏覽網站的 Linux 程式。其他如同 `curl`、`wget` 程式也可以使用命令的方式，下載網頁和其他網路內容，而無須經由瀏覽器。預設情況下，`curl` 會將收到的資料，直接列印到標準輸出之中，而 `wget` 則是將資料儲存到一個檔案（不含過程中所列印的大量訊息）：

```
$ curl https://efficientlinux.com/welcome.html
Welcome to Efficient Linux.com!
$ wget https://efficientlinux.com/welcome.html
--2021-10-27 20:05:47--  https://efficientlinux.com/
Resolving efficientlinux.com (efficientlinux.com)...
Connecting to efficientlinux.com (efficientlinux.com)...
⋮
2021-10-27 20:05:47 (12.8 MB/s) - 'welcome.html' saved [32/32]
$ cat welcome.html
Welcome to Efficient Linux.com!
```

某些網站無法支援 `wget` 和 `curl` 的連線。在這種情況下，兩個命令都可以偽裝成某一種瀏覽器。只需將程式標頭中的使用者代理（user agent）欄位，也就是向 Web 伺服器標記是哪一種客戶端軟體的字串。該欄位最通用方式是填入「Mozilla」：

```
$ wget -U Mozilla url
$ curl -A Mozilla url
```

`wget` 與 `curl` 都有許多選項及功能，我們可以在網路上找到這些相關的協助資訊。現在來看看如何將這些命令與單行程式碼做結合。假設網站 *efficientlinux.com* 有一個目錄 *images*，其中包含檔案 *1.jpg* 到 *20.jpg*，而且我們想下載它們。因此所有的網址將會是：

```
https://efficientlinux.com/images/1.jpg
https://efficientlinux.com/images/2.jpg
https://efficientlinux.com/images/3.jpg
⋮
```

一種沒有效率的做法是依照以上的 URL，一個接著一個點選，開啟 Web 瀏覽器後，下載每張圖片。（如果曾經這樣做過，請舉手！）其實更好的方法是使用 wget。我們藉由 seq 和 awk 產生相關的 URL：

```
$ seq 1 20 | awk '{print "https://efficientlinux.com/images/" $1 ".jpg"}'
https://efficientlinux.com/images/1.jpg
https://efficientlinux.com/images/2.jpg
https://efficientlinux.com/images/3.jpg
⋮
```

然後將字串「wget」增加到 awk 程式中，並且將產生的命令文字，透過管線傳遞給 bash 執行：

```
$ seq 1 20 \
  | awk '{print "wget https://efficientlinux.com/images/" $1 ".jpg"}' \
  | bash
```

或是使用 xargs 建立並執行 wget 命令：

```
$ seq 1 20 | xargs -I@ wget https://efficientlinux.com/images/@.jpg
```

假若 wget 命令文字中包含任何特殊字元，則 xargs 解決方式能更勝一籌。「透過管線傳遞給 bash」的方法會導致 shell 計算這些特殊字元（我們並不希望這種情況發生），而 xargs 則不會。

不過範例有一點不真實，因為圖片檔名相當統一。在接下來的範例中，會更貼近真實情況。我們可以藉由使用 curl 取得頁面後，下載網頁上所有的圖片，透過一系列巧妙的命令，以每一行區分圖片的 URL，將過程管線化，然後套用剛剛說過的技巧呈現出來，大概過程如下：

```
curl URL | ...聰明的管線過程在此... | xargs -n1 wget
```

使用 HTML-XML-utils 處理 HTML

如果讀者知道一些 HTML 和 CSS 的知識，則可從命令列來解析網頁的 HTML 原始碼。有時會比從瀏覽器中，手動複製、貼上網頁某個段落來得更有效率。在此所用的是一套方便工具 HTML-XML-utils，它是許多 Linux 發行版和全球資訊網路協會所認可（*https://oreil.ly/81yM2*）的工具。一般的過程是：

1. 使用 curl（或 wget）來抓取 HTML 原始碼。

2. 使用 hxnormalize 工具，協助確保 HTML 格式正確。

3. 藉由 CSS 選擇器，確認要取得的數值。

4. 使用 `hxselect` 分隔數值，並將輸出透過管線傳給下一階段的命令進行處理。

讓我們接續在第 171 頁的「建立電話區號資料庫」小節中的範例，從 Web 取得電話區號資料，並產生範例中使用的 *areacodes.txt* 檔案。為了方便，建立了一個 HTML 版本的表格，對外提供下載，如圖 10-1 所示。

Area code	State	Location
201	NJ	Hackensack, Jersey City
202	DC	Washington
203	CT	New Haven, Stamford
204	MB	entire province
205	AL	Birmingham, Tuscaloosa
206	WA	Seattle
207	ME	entire state
208	ID	entire state
209	CA	Modesto, Stockton
210	TX	San Antonio
212	NY	New York City, Manhattan

圖 10-1　電話區號表（*https://efficientlinux.com/areacodes.html*）

首先，使用 `curl` 取得 HTML 原始碼，加入 `-s` 選項忽略螢幕訊息。將輸出透過管線傳給 `hxnormalize -x`，稍微清理一下其中的格式。再次透過管線傳輸到 `less`，一整頁輸出到螢幕中檢視：

```
$ curl -s https://efficientlinux.com/areacodes.html  \
  | hxnormalize -x  \
  | less
<!DOCTYPE HTML PUBLIC "-//W3C//DTD HTML 4.01//EN"
"http://www.w3.org/TR/html4/strict.dtd">
<html>
⋮
  <body>
    <h1>Area code test</h1>
    ⋮
```

範例 10-2 頁面上顯示的 HTML 表格中，有 ID 為 #ac 的部分，包含個三欄位（電話區號、州名縮寫和位置），分別使用 CSS 類別 ac、state、cities 來表示。

範例 *10-2*　節錄自圖 *10-1* 表格中，部分的 *HTML* 原始碼

```
<table id="ac">
  <thead>
    <tr>
      <th>Area code</th>
      <th>State</th>
      <th>Location</th>
    </tr>
  </thead>
  <tbody>
    <tr>
      <td class="ac">201</td>
      <td class="state">NJ</td>
      <td class="cities">Hackensack, Jersey City</td>
    </tr>
    ⋮
</tbody>
</table>
```

執行 hxselect 藉由 -c 選項，從每個表格單元中，提取電話區號的資料，輸出時省略 td 標籤。結果變成相當長串的一行文字，因此欄位由我們選擇的字元 @ 作為分隔符號（使用 -s 選項），讓欄位區隔能夠稍微明顯一點[2]。

```
$ curl -s https://efficientlinux.com/areacodes.html \
  | hxnormalize -x \
  | hxselect -c -s@ '#ac .ac, #ac .state, #ac .cities'
201@NJ@Hackensack, Jersey City@202@DC@Washington@203@CT@New Haven, Stamford@...
```

最後，再將輸出透過管線傳到 sed，來處理這段長串的欄位資料，使內容變成三個 tab 分隔的欄位。接下來撰寫一個正規表示式來比對以下字串：

1. 電話區號，由數字組成，也就是 [0-9]*
2. 字元 @ 分隔符號
3. 州名縮寫，兩個大寫字母，[A-Z][A-Z]
4. 字元 @ 分隔符號

2 這個例子使用三個 CSS 選擇器，但是一些老舊版本的 hxselect，最多只能處理兩個。如果手邊的 hxselect 版本有這樣的困擾，請從網路下載最新的版本（*https://oreil.ly/81yM2*）並使用命令 configure && make 建構。

5. 城市名稱，這是不包含 @ 符號的任何文字，[^@]*

6. 字元 @ 分隔符號

將以上的部分組合起來產生以下的正規表示式：

```
[0-9]*@[A-Z][A-Z]@[^@]*@
```

加入 \(和 \) 的子表示式，將電話區號、州名縮寫和城市名稱，擷取這三個部分。我們現在有一個完整的 sed 正規表示式：

```
\([0-9]*\)@\([A-Z][A-Z]\)@\([^@]*\)@
```

而 sed 在替換字串的部分，提供分隔所用的 tab 字元，並用換行符號作為三個子表示式的結束，這將產生 *areacodes.txt* 檔案的格式：

```
\1\t\2\t\3\n
```

結合前面的正規表示式、替換字串來完成這個 sed 指令稿：

```
s/\([0-9]*\)@\([A-Z][A-Z]\)@\([^@]*\)@/\1\t\2\t\3\n/g
```

命令會產生 *areacodes.txt* 檔案所需要的資料：

```
$ curl -s https://efficientlinux.com/areacodes.html \
  | hxnormalize -x \
  | hxselect -c -s'@' '#ac .ac, #ac .state, #ac .cities' \
  | sed 's/\([0-9]*\)@\([A-Z][A-Z]\)@\([^@]*\)@/\1\t\2\t\3\n/g'
201     NJ      Hackensack, Jersey City
202     DC      Washington
203     CT      New Haven, Stamford
⋮
```

處理過長的正規表示式

如果 sed 指令稿變得越來越長，看起來就像混雜的文字段落：

```
s/\([0-9]*\)@\([A-Z][A-Z]\)@\([^@]*\)@/\1\t\2\t\3\n/g
```

嘗試將它們分開。首先將部分正規表示式，儲存在多個 shell 變數中，方便後續組合這些變數，指令稿如下所示：

```
# 正規表示式的三部分
# 使用單引號防止 shell 計算
areacode='\([0-9]*\)'
```

```
state='\([A-Z][A-Z]\)'
cities='\([^@]*\)'

# 組合並將這個三部分，使用 @ 符號分隔
# 使用雙引號，讓 shell 計算變數
regexp="$areacode@$state@$cities@"

# 替換字串
# 使用單引號防止 shell 計算
replacement='\1\t\2\t\3\n'

# sed 指令稿現在變得更容易閱讀：
# s/$regexp/$replacement/g
# 執行完整命令：
curl -s https://efficientlinux.com/areacodes.html \
  | hxnormalize -x \
  | hxselect -c -s'@' '#ac .ac, #ac .state, #ac .cities' \
  | sed "s/$regexp/$replacement/g"
```

使用以文字為基礎的瀏覽器來呈現 Web 內容

使用命令列從 Web 取得資料後，有時我們可能不需要網頁的 HTML 原始碼，而只需要經過渲染後的文字形式頁面。如果單純呈現頁面上文字可能更容易解析。要完成此任務，請我們可使用以文字為基礎的瀏覽器來完成這個任務，例如 lynx 或 links。純文字的瀏覽器使用精簡格式來呈現網頁，沒有圖片或其他花俏的特點。圖 10-2，以 lynx 來顯示上一章節中相同的內容。

lynx 與 links 都有 -dump 選項，直接下載呈現頁面。可隨個人喜好選擇使用。

```
$ lynx -dump https://efficientlinux.com/areacodes.html > tempfile
$ cat tempfile
                              Area code test

Area code State    Location
201       NJ       Hackensack, Jersey City
202       DC       Washington
203       CT       New Haven, Stamford
⋮
```

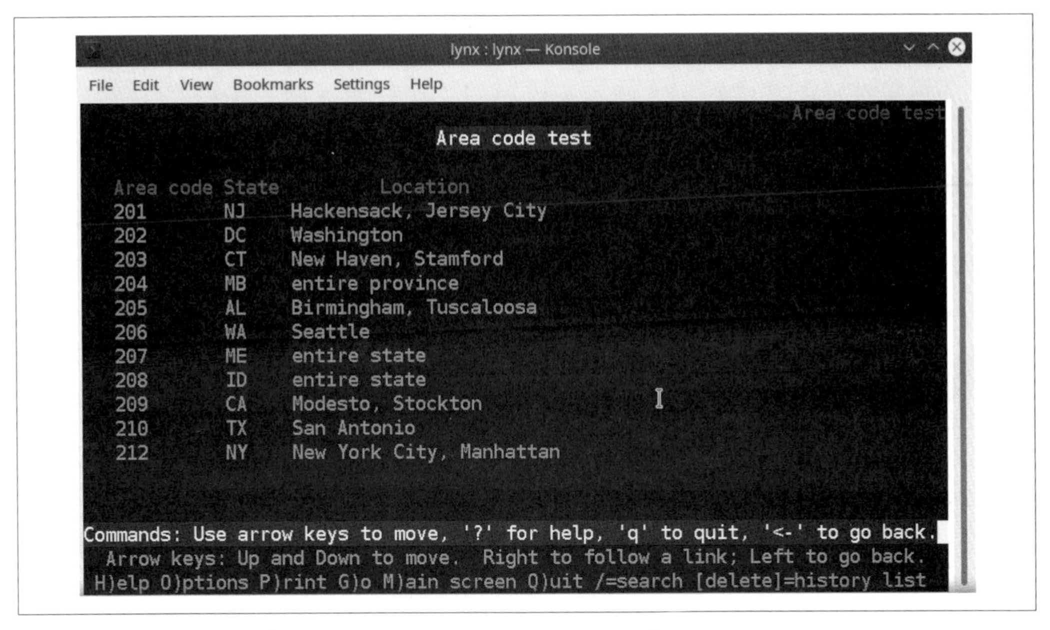

圖 10-2　lynx 瀏覽頁面（*https://efficientlinux.com/areacodes.html*）

當我們不確定網址來源是否合法，或含有惡意的內容時，lynx、links 就非常適合檢查這樣的連線。這些以文字為基礎的瀏覽器，不支援 JavaScript、渲染圖片，因此也就不容易受到攻擊。（當然，也不能保證它們是絕對的安全，所以請依據當時狀況做出最佳的判斷。）

由命令列控制剪貼簿

現今軟體應用程式，每個幾乎帶有編輯選單，也都包含剪下、複製和貼上的操作，藉以將內容傳入、傳出至系統的剪貼簿中。讀者可能還很熟悉這些操作的鍵盤捷徑方式。但是其實還可以直接從命令列處理剪貼簿。

在說明前，先介紹一下其中過程：Linux 中的複製與貼上操作，是被更統稱為 *X* 選取區（*X selection*）機制的一部分。選取是複製內容到某個目的地，例如系統的剪貼簿。「X」是 Linux 視窗軟體的名稱。

大多數以 X 視窗系統為基礎所建構的 Linux 桌面環境，如 GNOME、Unity、Cinnamon 和 KDE Plasma，都支援兩種選取區[3]。第一種是**剪貼簿**（*clipboard*），它的運作模式就如同其他作業系統上的剪貼簿一樣。當我們在應用程式中，執行剪下或複製操作時，相關的內容會進入到剪貼簿中，可以使用貼上來檢視其中的內容。另一個比較少聽到的 X 選取區，稱為**主要選取區**（*primary selection*）。當我們在某些應用程式中選取文字時，即使不執行複製操作，也會寫入主要選取區。一個例子是在終端機視窗中使用滑鼠，特別標示選取的文字。被選取的部分會自動寫入主要選取區。

如果我們是透過 SSH 或類似遠端程式連線到 Linux 主機中，複製 / 貼上通常由本地端電腦做處理，而不是由遠端 Linux 主機上的 X 選取區做處理。

表 10-2 中，列出 GNOME 的（`gnome-terminal`）和 KDE 的 Konsole（`konsole`），在終端機程式中存取 X 選取的滑鼠與鍵盤的操作。如果使用不同的終端機程式，請檢查編輯選單中是否具有類似複製、貼上相同功能的按鍵方式。

表 10-2　在一般終端機程式中操作 X 選取區的方式

操作	剪貼簿	主要選取區
複製（滑鼠）	點選右鍵選單，選擇複製點擊並拖拉	點選兩次選擇目前單字；或點選三次選擇目前一整行
貼上（滑鼠）	Open the right button menu and select Paste	按下滑鼠中間鍵（通常是滾輪）
複製（鍵盤）	Ctrl-Shift-C	無
`gnome-terminal` 貼上（鍵盤）	Ctrl-Shift-V 或 Ctrl-Shift-Insert	Shift-Insert
`konsole` 貼上（鍵盤）	Ctrl-Shift-V 或 Shift-Insert	Ctrl-Shift-Insert

連接選取區到標準輸入和標準輸出

Linux 提供了一個命令 `xclip`，將 X 選取區連接到標準輸入、輸出。因此，我們可以將複製和貼上的操作，安插在管線與其他組合命令之中。例如，將可能的文字複製到某個應用程式中：

3　但實際上有三個 X 選取區，其中一個稱為次要選取區（*secondary selection*），現今桌面環境很少使用到。

1. 執行 Linux 命令，並將其輸出重新導向到檔案。
2. 檢視檔案內容。
3. 使用滑鼠，將檔案內容複製到剪貼簿。
4. 將內容貼上到另一個應用程式中。

我們使用 xclip，可以大幅度縮短這個過程：

1. 將 Linux 命令的輸出，透過管線傳到 xclip。
2. 將內容貼上至另一個應用程式中。

相反地，文字也可能已經在檔案中，需要貼到 Linux 命令中，進行後續處理：

1. 使用滑鼠在應用程式中複製一堆文字。
2. 將內容貼上到文字檔案中。
3. 使用 Linux 命令處理文字檔案。

使用 xclip -o，我們可以忽略過程中的文字檔案：

1. 使用滑鼠在應用程式中複製一堆文字。
2. 將 xclip -o 的輸出透過管線，傳遞給其他 Linux 命令進行處理。

如果我們在 Linux 裝置設備上閱讀本書的數位版本，並想嘗試看看本章節中的某些 xclip 命令，請不要將命令複製、貼上至 shell 視窗中。手動輸入命令。為什麼？因為複製的動作本身，可能已經隱含使用 xclip 命令，存取的相同 X 選取區，因而導致命令產生意外結果。

預設情況下，xclip 讀取標準輸入並寫入主要選取區。也可以從檔案中讀取：

```
$ xclip < myfile.txt
```

或從管線：

```
$ echo "Efficient Linux at the Command Line" | xclip
```

現在將文字列印到標準輸出，或將選取的內容透過管線傳輸到其他命令，例如 wc：

```
$ xclip -o                                     貼至標準輸出
Efficient Linux at the Command Line
$ xclip -o > anotherfile.txt                   貼至檔案
$ xclip -o | wc -w                             計算字數
6
```

任何寫入 stdout 的組合命令，都可以將其結果透過管線傳到 xclip，例如第 15 頁的「命令 #6：uniq」小節：

```
$ cut -f1 grades | sort | uniq -c | sort -nr | head -n1 | cut -c9 | xclip
```

使用 echo -n 來清除主要選取區，將其數值設定為空字串：

```
$ echo -n | xclip
```

選項 -n 很重要；否則，echo 本身在 stdout 上列印的換行符號，也會出現在主要選取區中。

要將文字複製到剪貼簿，而非主要選取區，在執行 xclip 時，請加入選項 -selection clipboard：

```
$ echo https://oreilly.com | xclip -selection clipboard          複製
$ xclip -selection clipboard -o                                  貼上
https://oreilly.com
```

xclip 選項如果覺得太長，也可以縮寫，只要意義是明確的：

```
$ xclip -sel c -o                 與 xclip -selection clipboard -o 相同
https://oreilly.com
```

使用命令替換執行 Firefox 瀏覽器視窗，來瀏覽先前內容中的 URL：

```
$ firefox $(xclip -selection clipboard -o)
```

Linux 提供另一個命令 xsel，也可以讀取、寫入 X 選取區。還有一些額外的功能，例如清除選取區（xsel -c）和附加到選取區（xsel -a）。詳細操作，請查閱相關 manpage 和多練習使用 xsel。

改良密碼管理工具

讓我們將 xclip 操作 X 選取區的新技巧，應用至先前在第 173 頁的「建構密碼管理工具」小節中的 pman 密碼管理工具。修改後的 pman 指令稿與 *vault.gpg* 檔案，在進行單一行比對時，會將使用者名稱寫入剪貼簿，並將密碼寫入主要選取區。最後，我們可以在 Web 登入頁面上填寫相關資訊，例如：使用 Ctrl-V 貼上使用者名稱、使用滑鼠中間按鍵貼上密碼。

我們仍須確保執行過程中沒有任何其他追蹤剪貼簿或 X 選取區的相關應用程式。否則，使用者名稱和密碼在這樣的追蹤程式中，將變得一清二楚，會是一個安全上的隱憂。

整個 pman 的新版本程式放在範例 10-3 中。新版的 pman 在某些動作行為上發生了以下的變化：

- 建立一個新的函數 load_password，將連接使用者名稱和密碼，載入到 X 選取區中。
- 如果 pman 透過鍵值（欄位 3）或一行內容中的某些部分，找到搜尋字串符合比對的項目，就會執行 load_password。
- 如果 pman 找到多個符合比對項目，會列印每一行中的所有鍵值與註解（欄位 3、4），方便讓使用者可以透過鍵值再次搜尋。

範例 10-3　改良版 pman 指令稿，載入使用者名稱和密碼至選取區

```
#!/bin/bash
PROGRAM=$(basename $0)
DATABASE=$HOME/etc/vault.gpg

load_password () {
    # 將使用者名稱（欄位 1）放入剪貼簿
    echo "$1" | cut -f1 | tr -d '\n' | xclip -selection clipboard
    # 將密碼（欄位 2）放入 X 主要選取區
    echo "$1" | cut -f2 | tr -d '\n' | xclip -selection primary
    # 給使用者回覆的訊息
    echo "$PROGRAM: Found" $(echo "$1" | cut -f3- --output-delimiter ': ')
    echo "$PROGRAM: username and password loaded into X selections"
}

if [ $# -ne 1 ]; then
    >&2 echo "$PROGRAM: look up passwords"
    >&2 echo "Usage: $PROGRAM string"
    exit 1
```

```
fi
searchstring="$1"

# 將解密的文字儲存在變數中
decrypted=$(gpg -d -q "$DATABASE")
if [ $? -ne 0 ]; then
    >&2 echo "$PROGRAM: could not decrypt $DATABASE"
    exit 1
fi

# 在第三個欄位中進行完全比對搜尋
match=$(echo "$decrypted" | awk '$3~/^'$searchstring'$/')
if [ -n "$match" ]; then
    load_password "$match"
    exit $?
fi

# 尋找任何符合比對的項目
match=$(echo "$decrypted" | awk "/$searchstring/")
if [ -z "$match" ]; then
    >&2 echo "$PROGRAM: no matches"
    exit 1
fi

# 計算符合比對的數量
count=$(echo "$match" | wc -l)

case "$count" in
    0)
        >&2 echo "$PROGRAM: no matches"
        exit 1
        ;;
    1)
        load_password "$match"
        exit $?
        ;;
    *)
        >&2 echo "$PROGRAM: multiple matches for the following keys:"
        echo "$match" | cut -f3
        >&2 echo "$PROGRAM: rerun this script with one of the keys"
        exit
        ;;
esac
```

執行指令稿：

```
$ pman dropbox
Passphrase: xxxxxxxx
pman: Found dropbox: dropbox.com account for work
pman: username and password loaded into X selections
$ pman account
Passphrase: xxxxxxxx
pman: multiple matches for the following keys:
google
dropbox
bank
dropbox2
pman: rerun this script with one of the keys
```

密碼在主要選取區中持續存在，直到被其他資料涵蓋。我們可以在 30 秒後自動清除密碼，只要將以下內容增加到 load_password 函數中。該行在背景執行一個等待 30 秒的 subshell，然後清除主要選取區內容（藉由將其設定為空字串）。視情況需求調整這個數字。

```
(sleep 30 && echo -n | xclip -selection primary) &
```

如果結合我們在第 183 頁的「即時 Shell 和瀏覽器」小節中的內容，定義了用於啟動終端機程式的自訂快速按鍵，就可以透過熱鍵，啟動終端機執行 pman、緊接著關閉終端機，以一連串迅速的動作來存取密碼。

總結

希望本章鼓勵大家多嘗試一些新的技巧，讓自己的手指始終放在鍵盤上。一開始看起來可能相當費力，但透過練習後會變得快速、自動化。很快我們就會成為 Linux 的好伙伴，能夠流暢地操作桌面視窗、Web 內容和 X 選取區，而這是受限的滑鼠無法讓大家做到的部分。

第十一章

最終章節省時間

作者在寫這本書時，過程中獲得許多樂趣，也希望讀者也能如此。作為最後一章，讓我們討論一些不太適合放在前面章節的小主題。這些主題，讓我們成為更好的 Linux 使用者，希望讀者也這麼期許。

快速致勝

以下介紹一些節省時間的方法，很容易在幾分鐘內學會。

從 less 切換到我們的編輯器

當我們用 `less` 瀏覽一個文字檔案，突然想編輯檔案時，請不要離開 less。只需按 `v` 即可執行喜歡的文字編輯器。此時會載入檔案，並將游標移動到我們在 `less` 中瀏覽的位置。離開編輯器時，我們將回到 `less` 中的原始位置。

為了讓這個技巧發揮最佳效果，請將環境變數 `EDITOR` 與 `VISUAL` 設定為編輯命令。這些環境變數代表預設的 Linux 文字編輯器，可以透過各種命令來啟動，包括 `less`、`lynx`、`git`、`crontab` 和其他電子郵件程式。例如，若要將 `emacs` 設定為我們的預設編輯器，請將以下內容放置在 shell 配置設定檔案中並執行 source：

```
VISUAL=emacs
EDITOR=emacs
```

如果我們不設定這些變數，預設的編輯器就是由 Linux 系統所設定的，通常是 `vim`。如果最後進入 `vim`，而卻不知道如何使用它，請勿驚慌。按 Escape（ESC）鍵，並輸入 `:q!` 離開 `vim`。（輸入一個冒號、字母 *q* 和驚嘆號），然後按 Enter。若是要離開 `emacs`，請按 Ctrl-X，然後再按下 Ctrl-C。

編輯包含指定字串的檔案

如果想要編輯當前目錄中，包含特定字串（或正規表示式）的每一個檔案，該如何進行？使用 grep -l 產生檔案名稱列表，並使用命令替換，將它們傳遞給編輯器。假設我們的編輯器是 vim，命令如下：

```
$ vim $(grep -l string *)
```

將 -r 選項（遞迴搜尋）加到 grep 命令中，會從所位處的目錄（也就是點）開始，到整個樹狀目錄（當前目錄下及所有子目錄）中，編輯所有包含 *string* 的檔案：

```
$ vim $(grep -lr string .)
```

除了 grep -r，若要能更快地搜尋大型目錄，請改換使用 find 和 xargs。

```
$ vim $(find . -type f -print0 | xargs -0 grep -l string)
```

在第 122 頁的「技巧 #3：命令替換」小節中已經討論過這種技巧，這裡再次看到，因為技巧非常有用。要注意檔案名稱中是否包含空格和其他 shell 特殊字元，因為這可能會破壞期望的結果，如同第 123 頁的「特殊字元和命令替換」提示中所述。

擁抱打字錯誤

如果我們一直打錯命令，請替最常見的錯誤定義別名，讓正確的命令得以執行：

```
alias firfox=firefox
alias les=less
alias meacs=emacs
```

請注意，不要因為定義相同名稱的別名，而意外隱藏（覆蓋掉）現有的 Linux 命令。首先使用命令 which 或輸入別名做搜尋（請參考第 34 頁的「定位要執行的程式」小節），然後執行 man 命令，確認沒有與其他相同名稱的命令衝突：

```
$ type firfox
bash: type: firfox: not found
$ man firfox
No manual entry for firfox
```

快速建立空檔案

在 Linux 中有幾種建立空檔案的方法。touch 命令除了會建立一個檔案（如果檔案不存在），也會更新檔案時間戳記：

```
$ touch newfile1
```

touch 非常適合大量建立用於測試的空檔案：

```
$ mkdir tmp                          建立目錄
$ cd tmp
$ touch file{0000..9999}.txt         建立 10,000 個檔案
$ cd ..
$ rm -rf tmp                         刪除目錄和檔案
```

如果是想藉由輸出重新導向到一個檔案，echo 命令會建立一個空檔案，但前提需加入 -n 選項：

```
$ echo -n > newfile2
```

如果沒有 -n 選項，產生的檔案會包含一個換行符號的字元，所以並非是空的。

一行一行的處理檔案

當我們需要一次一行處理檔案時，將檔案放入 while read 迴圈，大概的結構如下：

```
$ cat myfile | while read line; do
 ... 在此處理其他事情 ...
done
```

假設要計算檔案中每一行的長度，如 */etc/hosts*，將每一行的內容透過管線傳遞給 wc -c：

```
$ cat /etc/hosts | while read line; do
  echo "$line" | wc -c
done
65
31
1
⋮
```

範例 9-3 是一個更實際的例子。

辨識是否支援遞迴的命令

在第 79 頁的「find 命令」小節中，我們介紹 find -exec，會將任何 Linux 命令遞迴套用於整個目錄中執行：

```
$ find . -exec 我們的命令在此 \;
```

其他有些命令本身就支援遞迴功能，如果我們能多瞭解它們，則可透過使用命令本身的遞迴，而非建構在 find 命令上的遞迴，如此可以省去一些輸入時間：

`ls -R`

遞迴列出目錄和其中的內容

`cp -r` 或 `cp -a`

遞迴複製目錄和其中的內容

`rm -r`

遞迴刪除目錄和其中的內容

`grep -r`

在整個樹狀目錄中，使用正規表示式進行搜尋

`chmod -R`

遞迴修改檔案保護屬性

`chown -R`

遞迴修改檔案所有者權限

`chgrp -R`

遞迴修改檔案群組權限

閱讀 manpage 手冊內容

選擇一個常用命令，例如 `cut` 或 `grep`，然後詳細閱讀手冊中的內容。我們可能在其中會發現一、兩個從未使用過但確有其價值的選項。經常重複這樣的動作，補足完備命令的操作，擴充我們的 Linux 工具箱。

長時間學習

以下技巧需要花費一些時間努力學習，日後一定能獲得回報。作者只會對每個主題進行初步介紹，這也是為了吸引讀者自己去發掘更多的內容。

閱讀 bash 手冊內容

執行 `man bash` 來顯示關於 bash 的完整官方文件，並閱讀整份文件——是的，全部共有 46,318 個單字：

```
$ man bash | wc -w
46318
```

花幾天的時間，慢慢地閱讀。肯定能讓讀者學習到很多東西，讓我們對於日常 Linux 的操作能更加輕鬆。

學習 cron、crontab 和 at

在第 167 頁的「第一個例子：搜尋檔案」小節中，曾提及一個關於安排在未來的時間，定時自動執行命令的簡單描述。建議學習 `crontab` 設定排程命令。例如，我們可依照計畫將檔案備份到外部裝置，或者透過電子郵件對自己發送每個月活動的提醒。

在執行 `crontab` 之前，確認一下預設的編輯器，如同我們在第 203 頁的「從 less 切換到我們的編輯器」小節中所討論的那樣。接著執行 `crontab -e` 來編輯個人排程命令檔案。`crontab` 呼叫預設編輯器，並打開一個內容為空的檔案，讓我們指定命令。這個檔案稱為 *crontab*。

簡單來說，`crontab` 檔案中的排程命令，由六個欄位組成（通常稱作 *cron job*），並且全部都寫在一行之中（可能很長）。前五個欄位分別依照分鐘、小時、日期、月份和一週之中哪幾個星期，來確認工作的排程。第六個欄位是我們希望執行的 Linux 命令。我們可以每小時、每天、每週、每月、每年、特定日期或其他更複雜的時間設定，來安排執行命令。以下是一些例子：

```
 * * * * * 命令              每分鐘執行一次命令
30 7 * * * 命令              每天 07:30 執行命令
30 7 5 * * 命令              每週一 07:30 執行命令
30 7 5 1 * 命令              每年 1 月 5 日 07:30 執行命令
30 7 * * 1 命令              每週一 07:30 執行命令
```

編輯前六個欄位、建立需要的命令、儲存檔案，並離開編輯器，之後系統會透過一個名為 `cron` 的程式將根據我們定義的排程，自動執行命令。排程語法雖然簡短又神祕，但在 manpage 文件（`man 5 crontab`）和網路上（搜尋 *cron tutorial*）中，有大量詳盡的教學。

此外，作者還建議學習 `at` 命令，它可以安排命令在指定的日期與時間中執行一次，而非重複執行。執行 `man at` 獲得更多詳細的資訊。例如以下是明天晚上 10 點，向我們發送電子郵件的命令。提醒我們要刷牙：

```
$ at 22:00 tomorrow
warning: commands will be executed using /bin/sh
at> echo brush your teeth | mail $USER
at> ^D                                    輸入 Ctrl-D 結束輸入
job 699 at Sun Nov 14 22:00:00 2021
```

列出等待處理的工作，請執行 atq：

```
$ atq
699     Sun Nov 14 22:00:00 20211 a smith
```

要瀏覽 at 作業中的命令，請使用工作編號執行 at -c，並且只列印最後幾行內容：

```
$ at -c 699 | tail
⋮
echo brush your teeth | mail $USER
```

要在執行之前刪除待處理的工作，透過 atrm 和工作編號：

```
$ atrm 699
```

學習 rsync

要將整個目錄（包括其子目錄）從一個磁碟複製到另一個磁碟位置上，許多 Linux 使用者會透過命令 cp -r 或 cp -a：

```
$ cp -a dir1 dir2
```

第一次 cp 完成任務，但如果不久後我們修改目錄 *dir1* 中的幾個檔案，並且再次執行 cp 命令，複製所有檔案和目錄，即使 *dir2* 中已經存在相同的副本。這似乎就感覺有些費工了。

rsync 命令是一個聰明的複製程式。它只複製第一個與第二個目錄之間差異的部分。

```
$ rsync -a dir1/ dir2
```

上面命令中的斜線表示複製 *dir1* 中的檔案。如果沒有斜線，rsync 將複製 *dir1* 本身，建立 *dir2/dir1*。

如果我們等一下對目錄 *dir1* 稍微修改，如將檔案添加到其中，rsync 只會複製新添加的檔案。如果我們對在目錄 *dir1* 下的檔案，修改其中一行，rsync 也只會複製那一行！因此對於需要多次複製大型樹狀目錄時，它可以節省大量時間。甚至 rsync 可以透過 SSH 與遠端伺服器連線做複製動作。

rsync 有很多選項。以下是一些常用的選項：

-v（意思是「詳細」（*verbose*））

在複製檔案時顯示檔案名稱

`-n`

假裝複製的動作；與 `-v` 做結合，用來檢視哪些檔案將要被複製

`-x`

設定 `rsync` 不要跨越檔案系統邊界

強烈建議大家熟悉 `rsync` 命令，以提高複製的效率。查閱 manpage 並看一下 Korbin Brown 發表的「在 Linux 中的 Rsync 範例」這篇文章中的例子（*https://oreil.ly/7gHCi*）。

學習另一種指令稿語言

Shell 指令稿方便又強大，但也是有一些嚴重的缺點。例如，它們在處理包含空白字元的檔案名稱時，需要額外多花費一些心思。思考一下這個試圖刪除檔案的簡短 `bash` 指令稿：

```
#!/bin/bash
BOOKTITLE="Slow Inefficient Linux"
rm $BOOKTITLE                              # 錯誤！不要這樣做！
```

在第二行中，刪除了一個檔名為 *Slow Inefficient Linux* 的檔案，但實際上並非如此。反而是嘗試刪除檔名為 *Slow*、*Inefficient* 和 *Linux* 的三個檔案。shell 在執行 `rm` 之前展開變數 `$BOOKTITLE`，展開後變成以空格分隔的三個單字，就如同我們輸入了以下的內容：

```
rm Slow Inefficient Linux
```

然後 shell 啟動 `rm` 時會帶入這三個參數，潛在的風險隨之而來，因為刪除錯誤的檔案。正確的刪除命令應該用雙引號，將 `$BOOKTITLE` 括起來：

```
rm "$BOOKTITLE"
```

shell 展開為：

```
rm "Slow Inefficient Linux"
```

這種細微且具有潛在破壞性的缺點，使得 shell 指令稿不適合用來處理某些需要謹慎的專案。因此，作者建議大家學習第二種指令稿語言，如 Perl、PHP、Python 或 Ruby。它們都能夠正確處理空白的情況。也都支援真正的資料結構。並且在其中也都有強大的字串處理、數學計算功能和更多語言特點。

使用 shell 用來執行複雜的命令、建立簡單的指令稿，但對於更加嚴謹要求的任務，請轉用另一種語言。網路上有很多語言教學，選一個吧。

將 make 用於非程式編譯任務

make 程式會依據其中的規則，自動更新檔案。make 其目的是為了加速軟體開發，亦可以簡化我們在 Linux 環境中遇到的其他狀況。

假設我們有三個需要處理的檔案，檔名分別為 *chapter1.txt*、*chapter2.txt* 和 *chapter3.txt*。還有第四個檔案 *book.txt*，是由這三個章節所組合的檔案。每當章節發生變化時，我們都需要重新組合它們，並更新 *book.txt*，因此可能會使用以下的命令：

```
$ cat chapter1.txt chapter2.txt chapter3.txt > book.txt
```

這種情況非常適合使用 make。在狀況中，我們有：

- 一堆檔案
- 檔案之間聯動的規則，亦即 *book.txt* 需要在任何章節檔案修改後，及時更新
- 執行更新的命令

make 會透過讀取設定檔案來執行，通常檔名為 *Makefile*。這個檔案中充滿了許多規則與命令。例如，以下的 *Makefile* 規則表示 *book.txt* 依賴於這三個章節檔案：

```
book.txt:        chapter1.txt chapter2.txt chapter3.txt
```

如果規則的目標（在這個例子中為 *book.txt*）比它的任何依賴部分（三個章節的檔案）都還要舊，則 make 會認定目標已過時。如果我們在規則後的下一行提供相關命令，make 將執行該命令，來更新目標：

```
book.txt:        chapter1.txt chapter2.txt chapter3.txt
                 cat chapter1.txt chapter2.txt chapter3.txt > book.txt
```

應用這樣的規則，我們只需輸入命令 make：

```
$ ls
Makefile  chapter1.txt  chapter2.txt  chapter3.txt
$ make
cat chapter1.txt chapter2.txt chapter3.txt > book.txt        由 make 執行
$ ls
Makefile  book.txt  chapter1.txt  chapter2.txt  chapter3.txt
$ make
make: 'book.txt' is up to date.
$ vim chapter2.txt                                           更新章節
$ make
cat chapter1.txt chapter2.txt chapter3.txt > book.txt
```

make 是為程式人員開發的工具，只要稍微學習一下，就可以將它應用在非程式編譯任務上。任何時候，我們都可以透過修改 *Makefile*，來調整新舊檔案之間相依性的關係，來簡化反覆的工作流程。

make 幫助作者對於這本書的撰寫和除錯。作者使用一種叫做 AsciiDoc 的排版語言來撰寫這本書，並定時將各個章節轉換為 HTML，以便在瀏覽器中檢視。下面是將任何 AsciiDoc 檔案轉換為 HTML 檔案的 make 規則：

```
%.html: %.asciidoc
        asciidoctor -o $@ $<
```

其內容的含意是：搜尋副檔名為 *.asciidoc*（%.asciidoc）的檔案，相對應地來產生副檔名為 *.html*（%.html）的檔案。如果 HTML 檔案比 AsciiDoc 檔案還要舊，透過相依檔案（$<）上執行命令 asciidoctor，重新將內容輸出到目標的 HTML 檔案（-o $@）中。

雖然這一條規則看起來有點簡短且神祕，但只要輸入一個簡單的 make 命令，就可以建立讀者正在閱讀各章節的 HTML 版本。make 啟動 asciidoctor 來執行更新：

```
$ ls ch11*
ch11.asciidoc
$ make ch11.html
asciidoctor -o ch11.html ch11.asciidoc
$ ls ch11*
ch11.asciidoc  ch11.html
$ firefox ch11.html                          檢視 HTML 檔案
```

這些都只需不到一個小時就可以熟練地完成的小工作。相對來說都是值得的。最後，作者提供一個有用的指南網站 makefiletutorial.com（https://makefiletutorial.com/）。

版本控制應用在日常的檔案中

讀者是否曾經想編輯一個檔案，但又擔心修改後，會把內容弄亂？也許製作一個備份副本，可以妥善保存並開始編輯原始檔案，假設我們編輯出現錯誤，可以藉由備份副本來恢復：

```
$ cp myfile myfile.bak
```

雖然是個解決方案，但卻不可擴大延伸。如果我們有數十個、數百個檔案，並且同一時間有數十個、數百人在處理該怎麼辦？ Git 和 Subversion 等版本控制系統的發明，就是為了能夠解決這個問題，讓我們更方便地追蹤檔案的多個版本。

雖然 Git 廣泛用於維護軟體原始碼，但作者建議學習 Git 之後，將其用於我們對一些重要文字檔案的任何修改上。這些可能是個人的檔案，或者是 */etc* 中的操作系統檔案。在第 118 頁的「與我們的環境一起移動」小節，曾建議使用版本控制來維護我們 bash 的配置設定檔案。

作者在寫這本書時，也使用了 Git，這樣就可以嘗試用不同的方式來呈現創作的內容。在不用耗費太多心力的狀況下，作者為這本書建立並維護了三種不同的版本——一個是到目前為止的完整手稿，另一個只包含交付給編輯和審閱的章節，最後一個是作者嘗試加入新的想法或實驗性的工作。如果加入了一些作者後來認為不適合的內容，只需要一個命令就可以恢復到之前的版本。

討論 Git 以超出本書的範圍，但這裡有一些範例命令，可以簡單呈現基本的工作流程，並激發讀者的興趣。將當下的目錄（及其所有子目錄）轉換為 Git 儲存庫：

```
$ git init
```

編輯一些檔案。之後，將修改後的檔案加入到一個看不見的「暫存區」中，這個動作表示我們打算建立一個新版本：

```
$ git add .
```

建立新版本，提供註解來描述我們對檔案所做的哪些修改：

```
$ git commit -m"Changed X to Y"
```

檢視版本歷史記錄：

```
$ git log
```

其中還有更多功能，例如：檢視舊版本的檔案，並將版本儲存、推送（*push*）到另一台伺服器上。更多的內容，請至 git 教學（*https://oreil.ly/0AlOu*），然後逐步開始吧！

尾聲

非常感謝大家與作者一起閱讀本書的內容。希望有達成、實現作者在前言中做出的承諾，將 Linux 命令列技巧提升到一個新的水平。歡迎有任何意見，寫信給作者 *dbarrett@oreily.com*。希望大家能快樂地完成繁瑣的任務。

附錄 A

複習 Linux

如果讀者的 Linux 技能不是很熟練，這裡提供一些在閱讀本書時，所需要的細節項目，來做快速回顧。（如果讀者是一個初學者，這個章節內容可能太過簡略。建議可以閱讀一下最後的推薦書籍。）

命令、參數和選項

要在命令列中執行 Linux 命令，請輸入命令後並按下 Enter。終止正在進行的命令，請按下 Ctrl-C。

一個簡單的 Linux 命令，由一個單字所組成，通常是程式的名稱，後面緊跟著附加的參數（*arguments*）字串。例如，以下由一個 `ls` 程式和兩個參數陣列所組成的命令：

```
$ ls -l /bin
```

以連字符號開頭的參數，例如 `-l`，稱為**選項**（*options*），因為它們會改變命令的行為。其他參數可能是檔案、目錄、使用者名稱、主機名稱或程式需要的任何其他字串。選項通常（但不見得都是）位在參數之前。

命令選項有多種形式，取決於我們執行的程式：

- 單一字母，如 `-l`，有時緊接著一個數值，如 `-n 10`。通常字母和數值之間的空格可以省略：`-n10`。
- 以兩個連字符號作為開頭的單字，例如 `--long`，有時緊接著一個數值，例如 `--block-size 100`。選項與數值之間的空格，通常可以用等號替代：`--block-size=100`。

- 前面僅有一個連字符號的單字，例如 `-type`，後面可接著一個選擇性的數值，例如 `-type f`。這種選項格式很少見；`find` 命令是這樣格式的一個例子。
- 沒有連字符號的單一字母。這種選項格式也很少見；`tar` 命令是這樣格式的一個例子。

多個選項，通常會組合在一起（取決於命令），放在一個連字符號之後。例如，命令 `ls -al` 等於 `ls -a -l`。

選項不僅在外觀上有所不同，而且對於不同程式在意義上也不同。在命令 `ls -l` 中，`-l` 表示「多內容的輸出」，但在命令 `wc -l` 中，表示「文字行數」。相反的，兩個程式也可能使用不同的選項，來表示同一件事情，例如 `-q` 表示「安靜執行」，而 `-s` 表示「安靜執行」。像這樣的不一致的狀況，導致更難學習 Linux，但我們終究需要習慣它們。

檔案系統、目錄和路徑

Linux 檔案，包含在組織成樹狀結構的目錄（資料夾）中，如圖 A-1。整個樹狀結構，從一個名為**根**（*root*）的目錄開始，以斜線（`/`）表示；而其中可能包含檔案與其他目錄的部分，稱為**子目錄**（*subdirectory*）。例如，目錄 *Music* 有兩個子目錄，*mp3*、*SheetMusic*。我們稱 *Music* 為 *mp3* 和 *SheetMusic* 的父目錄。具有相同父目錄稱為**兄弟**（*sibling*）目錄。

透過一連串目錄名稱與斜線的分隔，來表示目錄在樹狀結構中的路徑，例如 */home/smith/Music/mp3*。也可將檔案名稱附加在路徑的結尾，用來的表示在樹狀結構中的位置，如 */home/smith/Music/mp3/catalog.txt*。這些路徑稱為**絕對路徑**（*absolute path*），因為它們從根目錄開始。而從別處開始的路徑（不以斜線作為開頭）稱為**相對路徑**（*relative path*），因為它們是相對於當下目錄。如果我們目前所在的目錄是 */home/smith/Music*，那麼 *mp3*（子目錄）和 *mp3/catalog.txt*（檔案），就會是相對路徑。即使是檔名本身，如 *catalog.txt*，其相對路徑為 */home/smith/Music/mp3*。

有兩個特殊的相對路徑，一個是點（`.`），用來表示當下目錄，另一個是兩個連續的點（`..`），用來表示當下目錄的父目錄。這兩個特殊的路徑表示法，都能夠代表整個路徑中的某個部分[1]。例如，我們現在的目錄是 */home/smith/Music/mp3*，那麼路徑 `..` 指的是 *Music*；路徑 `../../../..` 指的是根目錄；路徑 *../SheetMusic* 指的是 *mp3* 的兄弟目錄。

---

1 一個點和兩個點，它們並非屬於 shell 的計算表示式。而是存在每個目錄中的硬連結（hard link）。

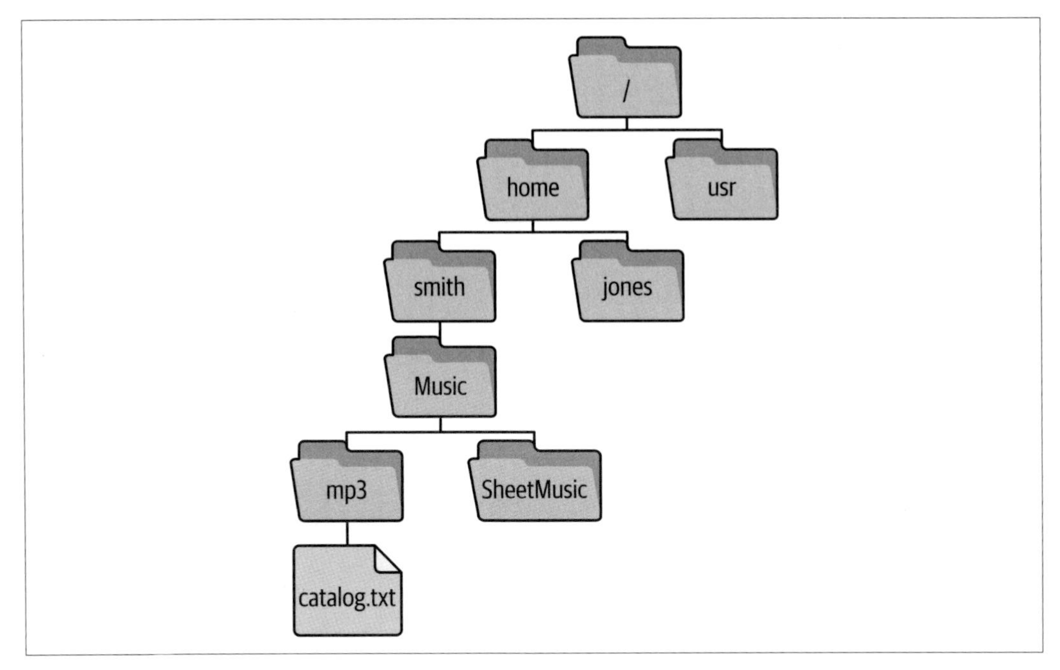

圖 A-1　Linux 樹狀目錄中的路徑

在 Linux 系統上，每個使用者都有一個指定的目錄，稱之為使用者的**家目錄**（*home directory*）。我們可以在其中自由建立、編輯和刪除檔案與目錄。通常路徑會是 */home/* 後面緊跟我們的使用者名稱，例如 */home/smith*。

切換目錄

在任何時候，我們的命令列（shell）都在一個指定的目錄中工作，這個目錄稱為**當下目錄**（*current directory*）、**工作目錄**（*working directory*）或**目前工作的目錄**。可透過 pwd（列印工作目錄）命令查看當下目錄的路徑：

```
$ pwd
/home/smith                    使用者 smith 的家目錄
```

還可使用 cd（切換目錄）命令在目錄之間移動，提供目的地的路徑（絕對或相對路徑）：

```
$ cd /usr/local                絕對路徑切換目錄
$ cd bin                       相對路徑切換目錄至 /usr/local/bin
$ cd ../etc                    相對路徑切換目錄至 /usr/local/etc
```

建立和編輯檔案

如果想要使用標準 Linux 文字編輯器編輯檔案，請透過執行以下任一命令：

`emacs`

emacs 執行後，輸入 Ctrl-h、t，取得相關教學。

`nano`

瀏覽網站 nano-editor.org（https://nano-editor.org），取得相關教學文件。

`vim` 或 `vi`

執行 vimtutor 命令，會出現相關教學。

要建立一個檔案，只需輸入檔案名稱作為參數，編輯器就會予以建立：

```
$ nano newfile.txt
```

或使用 touch 命令先行建立一個空的檔案，在輸入檔案名稱作為參數來編輯：

```
$ touch funky.txt
$ ls
funky.txt
```

檔案和目錄處理

使用 ls 命令列出目錄（預設情況下為當下目錄）中的檔案：

```
$ ls
animals.txt
```

使用「長」列表（ls -l），來檢視檔案或目錄的屬性：

```
$ ls -l
-rw-r--r-- 1 smith smith  325 Jul  3 17:44 animals.txt
```

檔案屬性從左到右的欄位依序代表，檔案權限（-rw-r—r--）、所有者（smith）和使用者群組（smith）、檔案大小（325）、最後修改日期和時間（今年 7 月 3 日 17:44）、檔案名稱（animals.txt）。在第 218 頁的「檔案權限」小節中會再討論到。

預設情況下，ls 不會列印出以點作為開頭的檔案名稱。這些檔案通常稱為點檔案（*dot file*）或隱藏檔案（*hidden file*）的檔案，要列出這些檔案請加入 -a 選項：

```
$ ls -a
.bashrc    .bash_profile    animals.txt
```

使用 cp 命令複製檔案，需要輸入原始檔案和新檔案的名稱：

```
$ cp animals.txt beasts.txt
$ ls
animals.txt   beasts.txt
```

使用 mv（移動）命令來重新命名稱檔案，需要輸入原始檔案和新檔案的名稱：

```
$ mv beasts.txt creatures.txt
$ ls
animals.txt   creatures.txt
```

使用 rm（刪除）命令刪除檔案：

```
$ rm creatures.txt
```

在 Linux 環境中，刪除命令其實並不友善。因為 rm 命令不會詢問我們「是否確認刪除？」並且也沒有用於恢復檔案的垃圾桶。

用 mkdir 建立一個目錄，用 mv 重新命名稱，然後用 rmdir 刪除予以刪除（假設目錄是空的）：

```
$ mkdir testdir
$ ls
animals.txt   testdir
$ mv testdir newname
$ ls
animals.txt   newname
$ rmdir newname
$ ls
animals.txt
```

將一個或多個檔案（或目錄）複製到另一個目錄中：

```
$ touch file1 file2 file3
$ mkdir dir
$ ls
dir   file1   file2   file3
$ cp file1 file2 file3 dir
$ ls
dir   file1   file2   file3
$ ls dir
```

```
file1   file2   file3
$ rm file1 file2 file3
```

繼續將一個或多個檔案（或目錄）移動到目錄中：

```
$ touch thing1 thing2 thing3
$ ls
dir   thing1   thing2   thing3
$ mv thing1 thing2 thing3 dir
$ ls
dir
$ ls dir
file1   file2   file3   thing1   thing2   thing3
```

使用 rm -rf 刪除目錄及其所有內容。在執行這個命令之前要多加留意，因為執行後是不可逆的。有關安全提示，請參考第 46 頁的「再也不會刪除錯誤的檔案（感謝歷史擴充命令）」小節。

```
$ rm -rf dir
```

檔案檢視

使用 cat 命令在螢幕上列印一個文字檔案：

```
$ cat animals.txt
```

使用 less 命令一次一個螢幕畫面，檢視文字檔案：

```
$ less animals.txt
```

請按空白鍵顯示下一頁。離開 less，請按 q。如需協助，請按 h。

檔案權限

chmod 命令讓我們將檔案設定為可讀、可寫或指定其他權限給使用者群組、所有人執行。圖 A-2 是對檔案權限的摘要回顧。

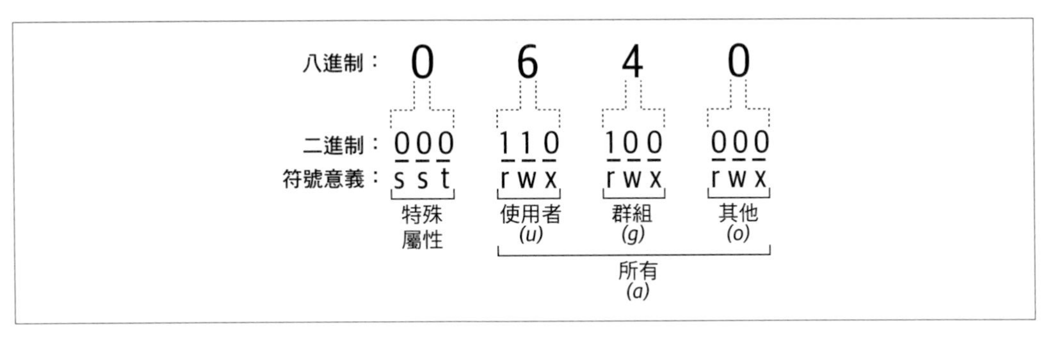

圖 A-2 檔案權限位元

這裡有一些常用的 chmod 操作。讓我們可對檔案讀、寫，但對其他人唯讀：

```
$ chmod 644 animals.txt
$ ls -l
-rw-r--r-- 1 smith smith  325 Jul  3 17:44 animals.txt
```

保護檔案不受其他使用者的影響：

```
$ chmod 600 animals.txt
$ ls -l
-rw------- 1 smith smith  325 Jul  3 17:44 animals.txt
```

讓每個人都可以讀取、輸入這個目錄，但只有我們可以寫入：

```
$ mkdir dir
$ chmod 755 dir
$ ls -l
drwxr-xr-x 2 smith smith  4096 Oct  1 12:44 dir
```

保護目錄，避免受其他使用者的影響：

```
$ chmod 700 dir
$ ls -l
drwx------ 2 smith smith  4096 Oct  1 12:44 dir
```

普通權限不適用於超級使用者，超級使用者可以讀、寫系統上的所有檔案和目錄。

行程

當我們執行 Linux 命令時，會啟動一個或多個 Linux 行程（*processe*），每個行程都可以用一個數字 ID 來代表，稱為 *PID*。可透過使用 ps 命令查詢 shell 中的目前行程：

```
$ ps
   PID TTY          TIME CMD
  5152 pts/11   00:00:00 bash
117280 pts/11   00:00:00 emacs
117273 pts/11   00:00:00 ps
```

或是所有使用者的正在執行的行程：

```
$ ps -uax
```

使用 `kill` 命令，終止我們自己的行程，將 PID 作為參數。超級使用者（Linux 管理員）可以終止任何使用者的行程。

```
$ kill 117280
[1]+  Exit 15                 emacs animals.txt
```

瀏覽文件

在 Linux 系統上，`man` 命令會顯示有關任何標準命令的文件。我們只需輸入 `man` 和命令名稱。例如，要瀏覽 `cat` 命令的文件，請執行以下命令：

```
$ man cat
```

顯示的文件稱為命令的 *manpage*。當有人說「查閱 grep 的 manpage」時，意思就是執行命令 `man grep`。

`man` 使用的瀏覽程式是 `less`[2]，一次顯示一頁文件，因此 `less` 的標準按鍵，將負責控制切換的作用。表 A-1 列出了一些常見的按鍵動作。

表 A-1　使用 less 瀏覽 manpage 的按鍵

按鍵	動作
h	協助——以更精簡的畫面顯示按鍵列表
空白鍵	檢視下一頁
b	檢視上一頁
Enter	往下捲動一行
<	切換到文件的開頭
>	切換到文件結尾
/	順向搜尋文字（輸入文字並按 Enter）

2　或者是其他程式，如果我們重新定義 shell 環境中的變數 PAGER。

按鍵	動作
?	反向搜尋文字（輸入文字並按 Enter）
n	找到搜尋符合比對文字的下一個地方
q	離開 man

Shell 指令稿

要將一組 Linux 命令，組織成為一個執行單元，請按照以下步驟操作：

1. 將命令放在一個檔案中。
2. 插入神奇的第一行。
3. 使用 chmod 讓檔案成為可執行。
4. 執行檔案。

這個檔案稱為指令稿（*script*）或 *shell* 指令稿（*shell script*）。神奇的第一行，應該是符號 #!（讀作「shebang」），之後接著讀取和執行指令稿的程式路徑[3]：【備註 3】

```
#!/bin/bash
```

以下是一個打招呼，並列印今天日期的 shell 指令稿。用符號 # 作為一行的開頭，表示為註解：

```
#!/bin/bash
# 這是一個範例指令稿
echo "Hello there!"
date
```

使用文字編輯器，將這些內容儲存在 *howdy* 檔案中。然後透過以下任一個命令，執行後讓檔案成為可執行的：

```
$ chmod 755 howdy      設定所有權限，包含執行權限
$ chmod +x howdy       或者只需添加執行權限
```

接著執行它：

```
$ ./howdy
Hello there!
Fri Sep 10 17:00:52 EDT 2021
```

3 如果省略 shebang 的第一行，則以預設的 shell 執行指令稿。因此，寫好第一行也是一個好習慣。

點和斜線（./）表示該指令稿位於我們的當下目錄中。沒有它們，Linux 將無法找到 shell 指令稿[4]：

```
$ howdy
howdy: command not found
```

Linux 提供一些在 shell 指令稿中，類似程式編譯語言的常見特性。例如，bash 提供 if、for 迴圈、while 迴圈和其他控制結構。整本書中到處都有一些例子，可以作為參考。有關詳細的語法，請參考 man bash。

成為超級使用者

某些檔案、目錄、程式受到保護，不會被普通使用者存取：

```
$ touch /usr/local/avocado            嘗試在系統目錄中建立一個檔案
touch: cannot touch '/usr/local/avocado': Permission denied
```

「權限被拒絕」（Permission denied）通常表示我們試圖存取受保護的資源。它們只能由 Linux 超級使用者（其名稱為 root）存取。大多數 Linux 系統都帶有一個 sudo（讀作「soo doo」）的程式，可以讓我們在執行單一命令期間，變成超級使用者。如果自己安裝 Linux，那我們的帳號很可能已經設定為執行 sudo。如果我們是其他 Linux 系統上的一個使用者，可能沒有超級使用者權限；如果無法確認，請詢問相關的系統管理員。

假設我們已經正確設定，只需執行 sudo，並提供所需的命令，就可以切換成超級使用者執行命令。系統將提示要求我們輸入密碼登入，來驗證身分。正確輸入後，命令將以 root 權限執行：

```
$ sudo touch /usr/local/avocado                  以 root 身分建立檔案
[sudo] password for smith: 密碼在此
$ ls -l /usr/local/avocado                       列出檔案
-rw-r--r-- 1 root root 0 Sep 10 17:16 avocado
$ sudo rm /usr/local/avocado                     以 root 身分移除
```

sudo 可能會記住（暫存）當時輸入的密碼一段時間，具體時間取決於 sudo 的配置方式，因此可能不會每次都顯示提示符號要求我們驗證身分。

---

4 這是因為安全因素，當下目錄通常在 shell 的搜尋路徑中是被省略的。否則，攻擊者可能會在我們的當下目錄中，放置一個含有惡意的 ls 執行指令稿，每當我們執行 ls 時，指令稿將被執行，而真正的 ls 命令卻被忽略。

延伸閱讀

有關操作 Linux 的更多基礎知識，請閱讀作者以前撰寫的書籍《*Linux Pocket Guide*》（O'Reilly）（*https://oreil.ly/46N1v*），或在網路上搜尋相關教學（*https://oreil.ly/KLTji*）。

附錄 B

如果使用不同的 Shell

本書假定我們的 login shell 是 bash，但如果不是，表 B-1 可以協助讀者，將本書的範例改編為其他 shell。確認符號✓表示相容性——指定的功能與 bash 非常相似，因此書中的範例應該可以正確執行。但還是要小心，該功能在某些小地方的動作可能不同於 bash。閱讀時請留意所有註解。

無論哪個 shell 成為我們的 login shell，以 `#!/bin/bash` 都可以使用 bash 來處理。

要系統上實驗安裝的另一個 shell，只需依照 shell 的名稱執行它（例如，ksh），並在完成時按 Ctrl-D。要調整我們的 login shell，請參考 `man chsh`。

表 B-1　其他 shell 對於的 bash 特性支援列表，依照字母順序排列

bash 功能	dash	fish	ksh	tcsh	zsh
內建 `alias`	✓	✓，但 `alias` *name* 不會顯示別名的內容	✓	沒有等號：`alias g grep`	✓
使用 & 背景執行	✓	✓	✓	✓	✓
`bash -c`	`dash -c`	`fish -c`	`ksh -c`	`tcsh -c`	`zsh -c`
bash 命令	dash	fish	ksh	tcsh	zsh
bash 位置在 */bin/bin/bash*	*/bin/dash*	*/bin/fish*	*/bin/ksh*	*/bin/tcsh*	*/bin/zsh*

bash 功能	dash	fish	ksh	tcsh	zsh
BASH_SUBSHELL 變數					
大括號擴展 {}	使用 seq	只有 {a,b,c}，沒有 {a..c}	✓	使用 seq	✓
cd -（切換目錄）	✓	✓	✓	✓	✓
內建 cd	✓	✓	✓	✓	✓
CDPATH 變數	✓	set CDPATH 數值	✓	set cdpath = (目錄*1* 目錄*2*...)	✓
用 $() 做命令替換	✓	使用 ()	✓	用反引號	✓
用反引號做命令替換	✓	使用 ()	✓	✓	✓
使用方向鍵進行命令列編輯		✓	✓[a]	✓	✓
使用 Emacs 模式進行命令列編輯		✓	✓[a]	✓	✓
使用 set -o vi 切換成 Vim 模式進行命令列編輯			✓	執行 bindkey -v	✓
內建 complete		不同的語法[b]	不同的語法[b]	不同的語法[b]	compdef[b]
使用 &&、|| 的條件項目	✓	✓	✓	✓	✓
$HOME 中的配置設定檔案（詳細內容請參考 manpage）	*.profile*	*.config/fish/config.fish*	*.profile*、*.kshrc*	*.cshrc*	*.zshenv*、*.zprofile*、*.zshrc*、*.zlogin*、*.zlogout*
控制結構語法：for、if 等等	✓	不同的語法	✓	不同的語法	✓
內建 dirs		✓		✓	✓
內建 echo	✓	✓	✓	✓	✓
別名支援使用 \ 轉義	✓		✓	✓	✓

bash 功能	dash	fish	ksh	tcsh	zsh
支援使用 \ 轉義	✓	✓	✓	✓	✓
內建 exec	✓	✓	✓	✓	✓
使用 $? 取得離開狀態	✓	$status	✓	✓	✓
內建 export	✓	set -x 名稱數值	✓	setenv 名稱數值	✓
函數功能	✓ [c]	不同的語法	✓		✓
HISTCONTROL 變數					請參考 manpage 上以 HIST_ 作為名稱開頭的變數
HISTFILE 變數		set fish_history路徑	✓	set histfile =路徑	✓
HISTFILESIZE 變數				set savehist = 數值	+SAVEHIST
內建 history		✓，但命令沒有編號	history 是 hist -l 的別名	✓	✓
history -c		history clear	刪除 *~/.sh_history* 並重新啟動 ksh	✓	history -p
歷史擴充命令使用 ! 和 ^				✓	✓
使用 Ctrl-R 對歷史命令漸進式搜尋		一開始先輸入命令，然後按向上箭頭進行搜尋、向右箭頭進行選擇	✓ [a d]	✓ [e]	✓ [f]
history編號		history -編號	history -N編號	✓	history -編號
以方向鍵操作歷史命令		✓	✓ [a]	✓	✓

bash 功能	dash	fish	ksh	tcsh	zsh
Emacs 按鍵方式操作的歷史命令		✓	✓[a]	✓	✓
使用 `set -o vi` 以 Vim 按鍵方式操作歷史命令			✓	執行 `bindkey -v`	✓
`HISTSIZE` 變數			✓		✓
使用 `fg`、`bg`、`Ctrl-Z`、`jobs` 進行作業控制	✓	✓	✓	✓[g]	✓
使用 `*`、`?`、`[]` 進行樣式比對	✓	✓	✓	✓	✓
管線	✓	✓	✓	✓	✓
內建 `popd`		✓		✓	✓
用 `<()` 處理過程替換			✓		✓
`PS1` 變數	✓	`set PS1 數值`	✓	`set prompt = 數值`	✓
內建 `pushd`		✓		✓，但沒有以連字符號開頭的參數	✓
使用雙引號	✓	✓	✓	✓	✓
使用單引號	✓	✓	✓	✓	✓
stderr 的重新導向（`2>`）	✓	✓	✓		✓
標準輸入（`<`）、標準輸出（`>`、`>>`）的重新導向	✓	✓	✓	✓	✓
stdout＋stderr（`&>`）的重新導向	附加 `2>&1`[h]	✓	附加 `2>&1`[h]	`>&`	✓
使用 `source` 或 `.`（點）	只能用點[i]	✓	✓[i]	只能用 `source`	✓
以 `()` 來執行 subshell	✓		✓	✓	✓

bash 功能	dash	fish	ksh	tcsh	zsh
可透過 Tab 自動補齊檔案名稱		✓	✓ [a]	✓	✓
內建 type	✓	✓	type 是 whence -v 的別名	沒有，但 which 是內建	✓
內建 unalias	✓	functions --erase	✓	✓	✓
變數定義的方式 變數名稱=數值	✓	set 名稱數值	✓	set 名稱=數值	✓
使用 $name 進行變數計算	✓	✓	✓	✓	✓

[a] 預設情況下關閉此功能。執行 set -o emacs 來開啟。舊版本的 ksh 可能會有不同狀況。

[b] 可以自行定義自動補齊的命令，使用 complete 或類似的命令，並且在不同的 shell 之間功能差異很大；請參考 shell 的 manpage。

[c] 函數：這個 shell 不支援以 function 關鍵字作為函數定義的開頭。

[d] 對於歷史命令在做漸進式搜尋時，ksh 的工作方式與其他有所不同。按 Ctrl-R，輸入某個字串後，再按下 Enter，尋找先前執行過包含該字串的最新命令。再次按下 Ctrl-R、Enter 向後搜尋下一個比對的命令，依此類推。按 Enter 繼續執行。

[e] 要在 tcsh 中使用 Ctrl-R 開啟漸進式歷史命令搜尋，請執行命令 bindkey ^R i-search-back（並將其添加到 shell 配置設定檔案）。搜尋動作與 bash 的狀況下有些不同；參見 man tcsh。

[f] 在 vi 模式下，輸入 / 之後接著搜尋字串，然後按下 Enter。按 n 切換到下一個搜尋結果。

[h] stdout 和 stderr 的重新導向：這裡的 shell 語法是：command > file 2>&1。最後一個部分 2>&1，表示「將檔案描述子 2 的 stderr 重新導向到檔案描述子 1 的 stdout。」

[i] 在這裡的 shell，需要輸入明確的設定配置檔路徑，如當下目錄中檔案的 ./myfile，否則 shell 將找不到檔案。或者，將檔案放入 shell 搜尋路徑下的目錄中。

索引

※ 提醒您：由於翻譯書籍排版的關係，部分索引內容的對應頁碼會與實際頁碼有一頁之差。

符號

A

B

C

D

E

F

G

H

I

M

N

O

P

Q

R

S

T

U

V

W

X

Y

Z

關於作者

Daniel J. Barrett 從事 Linux 及相關技術的教學和撰寫文章已長達 30 多年，也是許多 O'Reilly 書籍的作者，如：《*Linux Pocket Guide*》、《*Linux Security Cookbook*》、《*SSH、The Secure Shell: The Definitive Guide*》、《*Macintosh Terminal Pocket Guide*》和《*MediaWiki*》。他為人幽默風趣，還是一名軟體工程師、重金屬歌手、系統管理員、大學講師、網頁設計師。目前在 Google 工作。讀者可以造訪他的個人網站 DanielJBarrett.com（https://danieljbarrett.com），獲取更多資訊。

出版記事

本書封面上的動物是獵隼（*Falco cherrug*）。

幾千年來，這些大型猛禽一直受到馴鷹者的珍視，牠們敏捷、強大而且好鬥。如今，牠們在匈牙利、阿拉伯聯合大公國和蒙古等國家被視為國鳥。

成年獵隼的體型身長一般達到 45-57 公分（18-22 英吋），翼展為 97-126 公分（38-50 英吋）。此物種的體型雌性大於雄性，雌性體重為 970 至 1300 公克（34-46 盎司），而雄性為 730 至 990 公克（26-35 盎司）。無論雄、雌兩性，羽毛的色澤變化很大，從深棕色到淺棕褐色，甚至是白色，帶有棕色或條紋。

獵隼主要捕食鳥類及嚙齒動物，尤其在俯衝獵物之前，飛行速度可達 120-150 公里 / 小時（75-93 英里 / 小時）。牠們典型的棲息地包括草原、懸崖邊和森林，獵隼會在這些地方佔據被其他鳥類遺棄的巢穴。獵隼是候鳥，除了某些例外分布在最南端的範圍之外，牠們每年都會從東歐和中亞遷徙到非洲北部和南亞過冬。

除了人類，獵隼在野外沒有任何天敵。然而，由於族群數量迅速下降，獵隼現在已被列為瀕危物種，出現在 O'Reilly 封面上的許多動物也是如此。這些動物對世界都很重要。

封面圖片由 Karen Montgomery 繪製，取材自 Lydekker 在 *The Royal Natural History* 中的一幅雕刻作品。

高效率 Linux 命令列學習手冊

作　　者：Daniel J. Barrett
譯　　者：楊俊哲
企劃編輯：蔡彤孟
文字編輯：江雅鈴
設計裝幀：陶相騰
發 行 人：廖文良

發 行 所：碁峰資訊股份有限公司
地　　址：台北市南港區三重路 66 號 7 樓之 6
電　　話：(02)2788-2408
傳　　真：(02)8192-4433
網　　站：www.gotop.com.tw
書　　號：A758
版　　次：2023 年 12 月初版
建議售價：NT$580

國家圖書館出版品預行編目資料

高效率 Linux 命令列學習手冊 / Daniel J. Barrett 原著；楊俊哲譯. -- 初版. -- 臺北市：碁峰資訊, 2023.12
面；　公分
譯自：Efficient Linux at the Command Line
ISBN 978-626-324-695-9(平裝)
1.CST：作業系統
312.954　　112020235

商標聲明：本書所引用之國內外公司各商標、商品名稱、網站畫面，其權利分屬合法註冊公司所有，絕無侵權之意，特此聲明。

版權聲明：本著作物內容僅授權合法持有本書之讀者學習所用，非經本書作者或碁峰資訊股份有限公司正式授權，不得以任何形式複製、抄襲、轉載或透過網路散佈其內容。
版權所有・翻印必究

本書是根據寫作當時的資料撰寫而成，日後若因資料更新導致與書籍內容有所差異，敬請見諒。 若是軟、硬體問題，請您直接與軟、硬體廠商聯絡。